农用地土壤重金属污染及其修复技术探究

韩 辉◎著

吉林大学出版社
·长春·

图书在版编目（CIP）数据

农用地土壤重金属污染及其修复技术探究 / 韩辉著
. -- 长春：吉林大学出版社，2022.6
　　ISBN 978-7-5768-0172-9

　　Ⅰ.①农… Ⅱ.①韩… Ⅲ.①耕作土壤－土壤污染－
重金属污染－污染防治－研究 Ⅳ.①X53

中国版本图书馆 CIP 数据核字 (2022) 第 140533 号

书　　名　农用地土壤重金属污染及其修复技术探究
　　　　　NONGYONGDI TURANG ZHONGJINSHU WURAN JI QI XIUFU JISHU TANJIU
作　　者　韩　辉　著
策划编辑　殷丽爽
责任编辑　董贵山
责任校对　曲　楠
装帧设计　李文文
出版发行　吉林大学出版社
社　　址　长春市人民大街 4059 号
邮政编码　130021
发行电话　0431-89580028/29/21
网　　址　http://www.jlup.com.cn
电子邮箱　jldxcbs@sina.com
印　　刷　天津和萱印刷有限公司
开　　本　787mm×1092mm　1/16
印　　张　12.25
字　　数　220 千字
版　　次　2023 年 1 月　第 1 版
印　　次　2023 年 1 月　第 1 次
书　　号　ISBN 978-7-5768-0172-9
定　　价　72.00 元

前　言

　　土壤是构成生态系统的基本环境要素，是人类赖以生存的物质基础，也是经济社会发展不可或缺的宝贵资源。近年来，我国在土壤污染防治方面进行了积极探索和实践，取得了显著成效。但是我国部分地区经济发展方式总体粗放，产业结构和布局仍不够合理，导致污染物排放总量较高；加上土壤污染防治工作起步较晚，已有工作基础还很薄弱，土壤污染防治体系尚待完善。虽然土壤重金属污染的危害尽人皆知，但是很多人对土壤重金属的污染种类、污染程度、污染区域及今后的趋势和相关治理修复技术等相关知识的认识还不系统、不全面。农用地土壤污染和安全关系到蔬菜、粮食等的生长和安全，人们长期食用重金属超标农产品会严重危害人体健康，因此研究和修复土壤重金属污染问题已迫在眉睫。基于此，本书将围绕农用地土壤重金属污染状况、污染评价、污染危害及其修复技术等方面展开论述。

　　本书共包括五章内容，第一章为土壤概论，分别从四个方面展开了介绍，依次是土壤的概念、土壤的组成与性质、土壤的分类与分布规律、土壤环境问题及面临的挑战，使读者对土壤有概括性的了解；第二章为土壤重金属污染的危害，在这一章中主要介绍了土壤中铅、镉、砷、汞、铬、铜、锌等重金属的理化性质、分布及其对人畜、植物、土壤微生物的危害，明确了土壤重金属污染与人们的生活息息相关；第三章主要讲述农用地土壤重金属污染现状，分别从四个方面展开论述，依次是农用地重金属来源及其环境行为、农用地土壤重金属有效性的影响因素、农用地土壤重金属污染的特点、农用地土壤重金属污染状况分析；本书第四章对农用地土壤重金属污染评价方法进行了介绍，包括单因子污染指数法、内梅罗综合污染指数法等指数法，物元分析法、模糊数学法等模型指数法及其他评价方法；本书第五章是对农用地土壤重金属污染的修复技术进行了介绍，主要介绍了常见的五种修复技术，分别是土壤钝化技术、土壤淋洗技术、植物提取技术、电动修复技术、联合修复技术。

　　在撰写本书的过程中，作者得到了许多专家学者的帮助和指导，参考了大量的学术文献，在此表示真诚的感谢！本书内容系统全面，论述条理清晰、深入浅出。但限于作者水平有不足，加之时间仓促，本书难免存在一些疏漏，在此恳请同行专家和读者朋友批评指正！

作者

2021 年 10 月

目录

第一章　土壤概论

本章为土壤概论，分别从四个方面对土壤进行介绍，依次是土壤的概念、土壤的组成与性质、土壤的分类与分布规律、土壤环境问题及面临的挑战。

第一节　土壤的概念

我们把具有肥力的、能够生长植物的且位于地球陆地表层的疏松多孔物质层称为土壤。概念中，"具有肥力的、能够生长植物"是土壤的功能，因为土壤具有肥力，所以能够生长植物；"位于地球陆地表层"说明土壤的具体位置；"疏松多孔"是土壤的物理性状，"疏松"区别于岩石的坚硬。土壤圈与大气圈、水圈、生物圈、岩石圈等有密切关系，它们共同组成自然环境，土壤圈与其他圈层和外界进行能量和物质的交换。植物可以吸收和转化太阳能，土壤则是植物生长的主要场所。土壤最重要的功能就是可以让多种不同的植物在其中生长，植物的根系能够向土壤中延伸，汲取生长发育所需要的成分。人类的生产生活离不开土壤，土壤是重要的自然资源、生产资料和人类及社会发展的基本生态环境条件。

土壤是陆地生态系统的中心，植物是生态系统中的生产者，植物的的质量与数量是由土壤的质量决定的。土壤可以直接或者间接产生人类所需要的食物，生长在土壤中的植物可以吸收土壤中的养分和水分，进行光合作用和呼吸作用来促进生长，光合作用生产并积累有机物，将太阳光的光能转化为化学能，呼吸作用则为植物的各项生命活动提供能量；动物的食物也直接或间接地来自植物。所以，土壤是自然环境中物质与能量交换的枢纽，也是生物界与非生物界之间的中心环节。土壤肥力是土壤的基本特征，也是土壤区别于其他自然体的直接表现，它是指土壤具有为植物生长和发育供应和协调空气、养分、热量、水分等的能力。作为复杂、独特的自然体，土壤在长期的形成过程中形成土壤肥力，在这个过程中多种因素和物质共同作用。

土壤是一种资源，同时土壤也是人类生存环境中的一种重要的组成要素。土壤的基本功能为：为植物提供生长所需养分；保持水源净化水；为生物提供栖息地；通过物质交换实现养分和废料的转变；供人类生产生活。土壤是地球表层上的附着物，人类可以搬动。而土壤不同于土地，人们在土地上进行各种生产生活，土地可供人类栖息，人类不可搬动。从发生学角度来讲，土壤的形成包括母质、生物、气候、地貌等因子，这些因子相互作用而产生了土壤，土壤反映了这些因子的综合作用。而土地包含土壤，土壤是组成土地的重要成分。土地则包含一定范围内的所有自然因素，通过这些因素相互间的作用形成一个整体，使其具有自然特征。

第二节 土壤的组成与性质

一、土壤的组成

土壤是一个多相分散系统，由固相、液相和气相等组成，其中固相包括有机质、矿物质和活的生物有机体等，液相包括土壤水分和溶液，气相包括土壤内的空气。具体组成如下（图 1-2-1）。

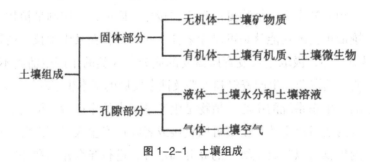

图 1-2-1 土壤组成

由图可知，土壤的组成包括固体部分和孔隙部分。固体部分占土壤总体积的50% 左右，占土壤总质量的 90 %~95 %，可以分为无机体（土壤矿物质）和有机体（土壤有机质和微生物）。孔隙部分可分为气相和液相，土壤体积中，气相主要是土壤空气，液相主要包括土壤中的水分和土壤溶液两部分，土壤空气占土壤总体积的 20 %~30 %，土壤水分和土壤溶液占土壤体积的 20 %~30 %。由以上分析可知，土壤是以固相为主、气相和液相为辅的系统。土壤包含多种要素，是土壤肥力的物质基础，土壤的各部分为植物的生长提供了必要的条件，如图 1-2-2 所示。

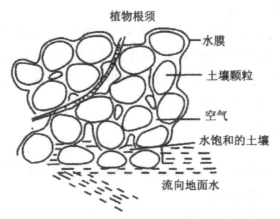

图 1-2-2 土壤中固相、液相、气相结构示意图

（一）土壤的矿物质

在土壤中，固相占土壤总质量的 90 %~95 %，而土壤矿物质占固体质量的 90 % 以上。土壤矿物质被称为土壤的"骨骼"，它的成分复杂多变，主要由于岩石的物理风化和化学风化作用而形成。按成因类型，土壤矿物质可分为土壤原生矿物质和土壤次生矿物质

1. 土壤原生矿物质

岩石经过物理风化作用而形成的矿物质是原生矿物质。原生矿物质未发生化学变化，所以其化学成分未改变，原生矿物质的结晶构造也保持母岩中的原始部分，未发生较大改变。原生矿物质如砂粒和粉粒的颗粒粒径较大，它们不透水也不膨胀，晶格坚定坚实。一般情况下，土壤原生矿物质可分为以下五类：

（1）氧化物类矿物

赤铁矿（Fe_2O_3）、磁铁矿（Fe_3O_4）、石英（SiO_2）和金红石（TiO_2）等都是常见的氧化物类矿物。它们在自然状态下不易风化，极其稳定。石英（SiO_2）是土壤中砂粒的主要成分，也是分布较广的一种矿物质。

（2）硫化物类矿物

硫化物类矿物很容易被风化，这类物类矿物是土壤中硫的主要来源。白铁矿和黄铁矿都是硫化物类矿物，它们在土壤中很常见，二者的颜色不同是因为它们的晶体结构不同，黄铁矿呈黄铜色，白铁矿与黄铁矿不同，主要为青铜黄色和锡白色。黄铁矿与白铁矿都是斜方晶系，他们的分子式相同，也都属于同质二象复体，晶体常呈板状。

（3）硅酸盐类矿物质

云母类矿物、长石类矿物、辉石、橄榄石和角闪石类矿物都属于硅酸盐类矿物质。硅酸盐类矿物质经过风化后在土壤中存在比较少，是因为它们都易于风化，极其不稳定。硅酸盐类矿物质由于风化释放出 K、Ca、Na、Mg、Al、Fe 等植物需要的金属元素时，也会形成次生矿物质。

（4）磷酸盐类矿物

磷灰石是土壤中分布最广的磷酸盐类矿物质。磷灰石有氯磷灰石 $[Ca_5(PO_4)_3Cl]$ 和氟磷灰石 $[Ca_5(PO_4)_3F]$、磷酸铝、磷酸铁和其他磷酸盐。土壤中无机磷主要来自磷酸盐类矿物。

（5）特别稳定的原始矿物质

特别稳定的原始矿物质在土壤中分布较少。由于它们具有高度稳定性，因此能长期留在土壤中。特别稳定的原始矿物质主要包括电气石、蓝晶石和绿帘石等硅酸盐矿物。

2. 土壤次生矿物质

土壤次生矿物质是母岩通过风化作用和成土作用形成的。与土壤原生矿物质相比，次生矿物质在晶体结构和化学组成上与其不同。次生矿物质大多是土壤矿物质中粒径最小的部分，具有胶体的性质，因此次生矿物质可以组成无机胶体和土壤黏粒。土壤次生矿物质决定着土壤许多的物理、化学性质。根据结构与性质，土壤次生矿物质可分为以下三类。

（1）简单盐类矿物质

简单盐类矿物质多存在于盐渍土中，多分布于干旱和半干旱地区的土壤中，是因为简单盐类大多易溶于水，在水分比较充足的情况下易淋溶流失，所以在一般土壤中比较少见。方解石（$CaCO_3$）、石膏（$CaSO_4 \cdot 2H_2O$）、芒硝（$Na_2SO_4 \cdot 10H_2O$）、白云石 $[CaMg(CO_3)_2]$、泻盐（$MgSO_4 \cdot 7H_2O$）等都是常见的简单类盐。简单盐类的构造最简单，是因为简单盐类是化学风化的最后产品。

（2）三氧化物类矿物质

三氧化物类矿物质较多分布在湿热的热带和亚热带地区土壤中，是硅酸盐矿物经过彻底风化后形成的。三氧化物类矿物质又叫次生黏土矿物，这类矿物质的粒径小于 0.25 μm，是土壤矿物质中粒径最小的部分之一。三氧化物类矿物质结构比较简单，包括褐铁矿（$2Fe_2O_3$，$3H_2O$）。

（3）次生铝硅酸盐类矿物质

原生硅酸盐矿物风化后一部分形成次生铝硅酸盐类矿物，这类矿物质广泛分布于土壤中，种类繁多。次生铝硅酸盐类矿物质的粒径小于 0.25 μm。次生铝硅酸盐种类和数量决定了土壤的多种物理、化学性质。次生铝硅酸盐类矿物质又称黏土矿物，是构成土壤的主要成分。虽然岩石在不同的风化阶段形成的次生黏土矿物会随着母岩种类和环境的变化而变化，但是它们最后都会生成铝氧化物。温度和湿度会影响风化的程度，例如：在比较干旱的条件下，岩石风化的程度不高，这时岩石风化会形成伊利石，属于脱盐基初期阶段；在较为温暖湿润的条件下，岩石的风化程度会比处于干旱环境下时高，脱盐基作用比干旱时强，这种情况下多形成蒙脱石；在湿热的条件下岩石的风化程度是最高的，同时脱盐基作用最强，这时主要形成的是高岭石。这些矿石再经历脱硅，通过红土化作用形成铁铝氧化物的富集。次生铝硅酸盐类矿物质可分为如下三类。

①水化云母类矿物质

水化云母类矿物质在土壤中的存在比较广泛，是因为这类矿物的风化程度较低，遇水不易膨胀，在温带干旱地区的土壤中，水化云母类矿物质的含量最多。水化云母类矿物质的颗粒直径一般小于 2 μm，这类矿物质富含钾（K_2O 4 %~7 %），具有较高的阳离子代换量。水化云母类属于 2∶1 型矿物，钾离子处于相邻晶层之间，由于钾离子的引力使晶层之间结合得比较紧密，且遇水时膨胀受到限制。水云母和伊利石是常见的水化云母类矿物质。

②蒙脱石类矿物质

蒙脱石类矿物质在温带干旱地区的土壤中分布较多，这类矿物质颗粒直径小于 1 μm。蒙脱石类矿物质与水化云母类矿物质相似，同样属于 2∶1 型矿物，它的晶体单元是一个铝片和相邻的两个硅氧片结合成的，这些晶体单元层层连接，形成蒙脱石类矿物质。蒙脱石类矿物质具有较强的可塑性、胀缩性、吸水性、代换性等性质，是因为这类矿物质的晶层之间不靠氢键连接，遇水易膨胀，膨胀后会导致内表面增大，联系力不强，而且蒙脱石类矿物质具有同晶替代现象，因此这类矿物自身带的负电荷比较多，导致蒙脱石类吸引阳离子的能力比较强。蒙脱石、拜来石、绿泥石等都属于蒙脱石类矿物质。

③高岭土类矿物质

通常情况下，高岭土类矿物质是在湿热的条件下的土壤中和花岗岩残积母质的基础上形成的，土壤中存在较多。高岭土类矿物质的颗粒直径一般在 0.1~5.0 μm，这类矿物质属于 1∶1 型矿物，它的晶体单元组成和蒙脱石类矿物质相同，都是由一个铝片和相邻的两个硅氧片结合成的，这些晶体单元再相互连接，从而形成高岭土类矿物质。和蒙脱石类矿物质不同的是，高岭土类矿物质各个晶层之间距离是固定的，即使遇水也不会轻易膨胀，不具有膨胀后的内表面，是因为高岭土类矿物质的晶层是通过氢键相连的，由于氢键的存在使晶层之间保持稳定。高岭土类矿物质的可塑性、黏着性、吸水性和代换性都比较小，是由于这类矿物发生同晶替代的概率非常小，因此产生的电荷也非常少，使其吸附氧离子的能力弱，膨胀性小，阳离子代换量低。高岭土类矿物质透水性比较好，使生长在上面的植物可以获得更多的有效水分，但供肥、保肥能力低。高岭土、埃洛石等属于高岭土类矿物质。

（二）土壤有机体

1. 土壤有机质

土壤中的动植物残体经过分解腐化的作用形成土壤有机质。土壤有机质在广义上可分为两类，一类是活的有机体，如土壤中植物的根系和土壤中的动物，另一类是土壤中的有机化合物，进行分类的依据是土壤有机质的存在状态和来源。

植物的根系可分为死根和活根，土壤团粒的胶结剂是由死根可以提供的有机质和活根提供的分泌物形成的。植物根系的分泌物能活化难溶磷钾及土壤重金属的同时，还对土壤的抗侵蚀能力有提升的作用。土壤中根 - 土界面特定的微生态环境是由土壤和植物根系交互形成的，植物从土壤中吸收物质的数量、形态、转化和迁移等多个过程就是这个微生态环境决定的。除此之外，土壤还具有优化和改善土壤的物理结构和化学成分等作用，对保护土壤圈的正常发展有着不可替代的作用。土壤中的生物包括土壤微生物和动物。土壤中的微生物是土壤有机质的分解者，承担着转化有机质的作用；土壤动物数目大、种类多，包括线虫和原生动物等小型和微型动物。作为土壤中的消费者和分解者，土壤动物在有机质的分解和转化过程中起到很大的作用。

土壤有机质在狭义上同样可以分为两类，一类是腐殖质，一类是非腐殖质，二者都属于有机化合物。腐殖质是土壤有机质的主体，在土壤、煤炭、各种地面水体的底泥、腐熟的有机肥料中分布较多。土壤有机质总量的 60 %~70 % 是腐殖质，是通过孵化作用形成的有机高分子化合物。根据在酸、碱中的溶解性差异，腐殖质可分为胡敏素、富里酸和腐殖酸，如表 1-2-1[①] 所示，土壤腐殖质的组成与性质随生物气候条件而异，具有明显的地带性变化规律。

---

① 李存焕，史秀华．草坪土壤学 [M]．北京：中国戏剧出版社，2006．

表 1-2-1　土壤微生物的种类和数量

土壤	地点	C（%）	胡敏素（HA 占全 C%）	富里酸（FA 占全 C%）	HA/FA	活性 HA（占 HA 总量 %）	光密度
黑土	黑龙江嫩江	4.20	40.6	18.7	2.17	35.8	2.36
粟钙土	内蒙海拉尔	2.07	27.1	19.8	1.37	23.6	1.9
灰钙土	新疆伊犁	1.11	15.1	20.8	0.73	0	—
灰漠土	新疆玛纳斯	0.65	13.8	23.1	0.60	0	0.89
暗棕壤	黑龙江伊春	5.05	21.8	12.7	1.84	44.5	1.85
黄棕壤	江苏南京	1.49	19.1，	26.4	0.72	58.6	1.20
红壤	广东广州	1.25	12.2	25.1	0.49	93.4	1.05
砖红壤	广东海南岛	3.50	5.8	30.3	0.19	93.1	1.11

土壤有机体的分类如图 1-2-3 所示。

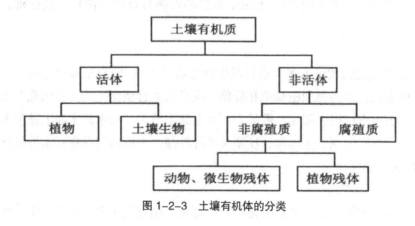

图 1-2-3　土壤有机体的分类

2. 土壤微生物

土壤中微生物的种类和数量都很多。土壤中微生物的数量因土壤类型、季节、土层深度与层次等不同而异。如有机物含量丰富的黑土、草甸土等肥沃土壤，微生物含量较高，每克土可含几亿至几十亿个微生物；而红壤、棕钙土、盐土等贫瘠土壤，微生物的含量很少，每克土也含几百万至几千万个微生物。

土壤这中的微生物有细菌、放线菌、真菌、藻类和原生动物等类群。其中细菌数量多，放线菌和真菌次之，藻类和原生动物等的数量较少。

（1）细菌

约占土壤微生物总数的 70%—90%，含量达每克土几百万个至几亿个，主要是异养型种类，少数为自养型。异养型种类积极参与土壤有机质的分解和腐殖质的合成。自养型种类转化着矿质养分的存在状态。

经过土壤微生物检测常见的细菌有固氮细菌、氨化细菌、硝化细菌、反硝化细菌、硫酸还原细菌、纤维素分解菌、假单胞菌、黄杆菌、钾细菌和铁细菌等。

（2）放线菌

约占土壤微生物总数的 5%—30%，含量为每克土几千万至几亿个孢子。在偏碱性土壤中数量较多，都是异养型种类。放线菌较耐干旱，在潮湿土壤中比干旱土壤中少，在渍水条件下，如土壤持水量在 80—100% 时，放线菌很少出现。土壤中常见种类有诺卡氏菌属、链霉菌属和小单孢菌属。

（3）真菌

每克土壤中有真菌几千至几十万个，均为严格好氧的异养型种类。酵母菌的含量较少，一般为每克土壤几个到几千个。但在葡萄园和果园的土壤中，每克土壤酵母菌含量可达几十万个。真菌中的霉菌，以丝状体的菌丝交织曼延在土壤中起改良土壤团粒结构的作用。土壤中常见的霉菌有青霉、曲霉、枝孢霉、头孢霉等。

（4）藻类

土壤中藻类的数量不多，不到微生物总数的 1%，但分布却很普遍。一般生长在土壤表层，多为单细胞绿藻和硅藻。藻类为光合型微生物，受阳光及水分影响较大，土壤下层因无阳光，数量少。在温暖季节中，积水的土面上藻类大量发育，其中主要有衣藻、小球藻、丝藻及各种硅藻，水田内则发育有水绵等丝状绿藻，为土壤积累有机质。

（5）原生动物

在不同类型的土壤中数量变化很大，每克土壤有几十个至几十万个，在富含有机质的土壤中主要有纤毛虫、鞭毛虫、肉足虫等，大多数种类是异养型的，以吞食各种有机物的碎片、藻类、菌类等为生。

土壤中的微生物是土壤的组成成分，通过它们的代谢活动，转化土壤中各种物质的状态，改变土壤的理化性质，是构成土壤肥力的重要因素。我们做土壤微生物检测就是分析其中的性质。

（三）土壤溶液

土壤溶液在土壤形成过程中也十分重要，它是由土壤中三相物质和能量交换形成的，包含土壤水和溶质，溶质是土壤中的其他成分和污染物。土壤中各土层之间物质通过溶液的形式交换和转移。植物主要通过根来吸收土壤中的水分，这个环节在水循环中扮演着重要的角色。

1. 土壤水

土壤中的水是土壤中所有化学反应的介质，但是土壤水的含量却不到水圈水总量的 0.01 %。植物吸收和蒸腾、径流损失、土壤蒸发和水分渗漏是土壤水消耗的主要形式，土壤水的来源包括地下水、大气降水和灌溉水等。土壤水对于岩石风化、植物生长和土壤形成有着重要作用。土壤水也有固、液、气三种形态，这是因为土壤孔隙中的水受到重力、毛细管力和土粒表面分子引力的共同影响，这使得土壤中的水分得以保持和对植物产生有效性。土壤水的分类如图 1-2-4 所示。

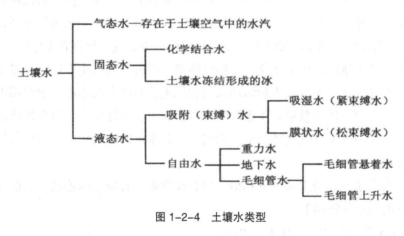

图 1-2-4　土壤水类型

植物不仅通过土壤吸收生长所需要的水分，而且以土为载体吸收。在土壤水所包含的类型中，毛细管水、重力水、薄膜水和吸湿水对土壤形成过程和农业利用有着重要作用。在土壤毛细管孔隙中，被毛细管吸附在其中的水分是毛细管水；受重力控制，在非毛细管孔隙中的水分叫作重力水；被吸附在吸湿水膜之外在土壤颗粒周围的自由表面上的液态水是薄膜水；由于分子之间的引力，吸附在土壤固体颗粒表面上的气态水是吸湿水。土壤水参与了许多土壤中的物理、化学和生物变化过程，影响着土壤中的物质和能量交换。

2. 土壤溶质

土壤溶质的形成极其复杂，是土壤三项进行物质交换的结果。土壤溶液的浓度和成分的变化受到多方面的影响，如土壤种类、环境条件和使用情况等。一般情况下，土壤溶液的浓度为 0.1 %~0.4 %。

土壤溶质包括以下五类：

（1）无机胶体，铝、硅、铁等的水合氧化物；

（2）气体类，如 O_2、CO_2、N_2，它们的溶解度大小依次为 $N_2 < O_2 < CO_2$；

（3）无机盐类离子，可分为阴离子和阳离子，阴离子主要是酸根离子，包含 CO_3^{2-}、HCO_3^-、NO_3^-、NO_2^-、Cl^-、SO_4^{2-}、$H_2PO_4^-$、PO_4^{3-} 等，阳离子包括 H^+、NH_4^+、金属离子（K^+、Ca^+、Fe^{3+}、Cu^{2+} 等）和微量元素离子。

（4）可溶性有机化合物类，如部分蛋白质、有机酸等；

（5）络合物类，如铁、铝、锰的有机络合物等。

（四）土壤气体

土壤气体也叫土壤空气，是组成土壤的重要成分。土壤气体指的是存在于土壤孔隙中的气体，它与大气的成分相似，其中 N_2、O_2、CO_2 和水蒸气最多，另外还包含氮的氧化物、甲烷、CO 等二十多种气体。土壤气体储存在土壤的孔隙中，来源于大气和土壤内发生的变化。土壤气体对土壤的肥力有重要影响，对土壤中的物质和能量转化、土壤微生物活动和植物的生长有巨大的作用。通常用土壤含气量来表示土壤气体的数量，土壤含气量是指在单位土体积中土壤气体所占的容积百分比。影响土壤含气量的因素与影响土壤含水量的因素相同。示是大气与土壤中气体组成成分。

大气与土壤气体的组成成分相似，只有在含量上有微小的差别。土壤气体区别于大气的主要特征如下：

（1）土壤中气体湿度比大气更高；

（2）由于土壤孔隙的存在，土壤中的空气是不连续的，而大气中空气是连续的；

（3）土壤中的 O_2 含量比大气中少，CO_2 含量比大气多，这是土壤中的微生物引发的，土壤中 O_2 和 CO_2 的体积之和与大气中二者之和都占气体总量的 21 %；

（4）土壤空气中具有还原性气体，如 H_2、CH_4、H_2S 等，这是由微生物活动产生的，不利于植物生长，而空气中不含有还原性气体。

土壤含水量和土壤孔隙的变化会引起土壤空气的变化。土壤空气组成的变化主要受到两方面的影响：一是土壤气体与大气的气体交换，如果没有气体交换，

土壤中的 O_2 会在很短的时间内耗尽；二是土壤中的生物和化学反应会消耗 O_2，产生 CO_2。这两方面维持着土壤空气的动态平衡。

二、土壤的性质

（一）土壤的物理性质

物质的性质包括物理性质和化学性质，土壤性质也不例外。土壤的通透性、坚实度、蓄水能力等都受到土壤物理性质的影响。土壤物理性质对农业生产和土壤污染修复都十分重要。土壤的物理性质包括土壤的颜色、土壤质地、土壤结构、土壤的相对密度和容重、孔隙度等。

1. 土壤的颜色

作为土壤的重要特征，土壤颜色被广泛应用于土壤的命名，是土壤分类的重要基础。土壤的颜色种类繁多，在国际上一般采用统一的方法对土壤进行命名。结合土壤的颜色，根据孟赛尔颜色系统和孟赛尔颜色命名法，用于测定和描述土壤颜色的标准比色卡就是孟赛尔土壤比色卡。通过采用孟赛尔土壤比色卡比色的方法对土壤颜色进行判断。色调、色值和色度是颜色的三属性，孟赛尔颜色系统就是以此为基础的。色调指的是土壤是什么颜色的，就是颜色中哪一光谱占优。色调包含 R（红）、Y（黄）、G（绿）、B（蓝）、P（紫）五个主色调和 YR（黄红）、GY（绿黄）、BG（蓝绿）、PB（紫蓝）、RP（红紫）五个辅色调，五个主色调和五个辅色调是基本色调，然后再划分为 4 个等级，如 2.5YR、7.5YR、10YR。色值表示颜色的相对亮度，我们以无彩色（N）作基准，把绝对的白色作为 10，把绝对的黑色作为 0，然后从暗到亮将绝对的黑色到白色等分为 0~10。而色度指的是土壤颜色光谱色的强度或者相对纯度，同样也从弱到强等分为 0~10，数值越大，颜色的浓度越大，颜色越鲜艳。孟赛尔颜色命名法就是以色调、色值、色度从前向后命名的。例如，一种土壤的色调是 2.5YR，色值是 4，色度是 6，那么按照孟赛尔颜色命名法，此土壤颜色可称为 2.5YR4/6。红棕（2.5YR4/6）是土壤的完整命名，可以看出完整命名法包括颜色名称和孟赛尔颜色命名。用待测土壤与孟赛尔土壤比色卡作对比，即可得到土壤的颜色。

从我国的土壤分布情况来看，我国土壤颜色多样，不同地域具有不同的颜色，总的概括起来主要有：黑土、白土、砖红壤、棕壤、黄土、红壤、搂土、黏土、砂土、暗棕壤、白浆土、灰漠土、黄绵土、红黏土、风沙土、紫色土、潮土（浅色草甸土）、沼泽土、水稻灌淤土和灌漠土等。我国东北平原被称为"黑土地"，主要就是因为东北平原有 70 万 km² 的黑土面积，从全球范围看，这些辽阔的"黑土地"占全球黑土面积的近五分之一。黑土又是上述土壤里面最优质的土壤，肥沃而又疏松的黑土里面，含有丰富的有机质，是农作物优质的养料，正是这种特质，使黑土得以闻名遐迩。我国地域辽阔，土壤分布南方与北方大有不同。处在热带和亚热带的南方地区，其土壤以酸性为主，大部分是红色或者黄色的，从土壤的分布上看，从南往北依次是砖红壤、燥红土（稀树草原土）、赤红壤（砖红壤化红壤）、红壤和黄壤等。虽然黑土是最优质的土壤，但是红壤以约 117 万 km² 的面积成为我国土壤覆盖面积最大的土壤。红壤广泛分布于我国长江以南的江西、湖南等地的低山丘陵地区，同时与我国其他省分布的红壤，共同构成了红壤庞大的覆盖面积，包括广东、广西、云南、福建、安徽、浙江、贵州、四川及我国的台湾地区等。红壤和黄壤中富含铁和铝，植物生长所需要的钾、钙、钠和镁等元素的含量较少，含铁较多故而呈现大面积的红色，而氧化铁在经过水化后，则出现氧化铁黄的土壤颜色。从北边的秦岭、淮河到南边的大巴山和长江，从西边的青藏高原东南边缘到东边的长江下游，这片区域是黄红壤和棕壤的过渡地带，广泛分布着黄棕壤。棕壤主要分布在我国的两个半岛，分别是山东半岛和辽东半岛；暗棕壤主要分布在我国东北地带，主要集中在大兴安岭东坡、小兴安岭、张广才岭和长白山等地；同时，大兴安岭北段山地上部广泛分布着寒棕壤；而山西、河北和辽宁这三个省之间连接的地带是一些丘陵低山区，则广泛分布着褐土。内蒙古的草原主要分布于内蒙古高原的东部和中部，这些地区也是钙层土分布最广的地区。还有一种钙层土向沙漠过渡的土壤，这种土壤主要分布在内蒙古高原的中西部、鄂尔多斯高原、新疆准噶尔盆地的北部、塔里木盆地的外缘。在我国黄土高原上，一些受侵蚀比较少的地区，广泛分布着黑垆土，大部分集中在陕西北部、宁夏南部、甘肃东部等地。在一些荒漠地带，如内蒙古、甘肃的西部、柴达木地区、新疆地区等，广泛分布着荒漠土。在一些高原地带，如藏北高原的西北部、昆仑山脉和帕米尔高原等地，广泛分布着高山漠土。

2. 土壤的质地

土壤质地有其自身的分类标准，这个标准就是土壤中各粒径的粒子含量的相对百分比。矿物颗粒是土壤中主要的矿物质，不同大小的矿物颗粒成分不同，性质也不同。对于大颗粒和细颗粒来说，一些原生矿物、岩石或矿物碎屑是土壤中大颗粒矿物的主要组成部分，而一些次生矿物则是土壤中细颗粒的主要组成部分。用粒径的大小作为对土粒进行分级的标准是人们惯用的分级方法，在分组中，同一组的土粒带有相似的成分与性质，不同的分组间则有比较大的差异。

不同等级的颗粒含有明显不同的矿物质。大部分 1 mm 以上直径的岩石风化后的碎屑颗粒还保留着其自身原有的矿物质；一些原生矿物的碎屑，质地相对来说比较疏松，如石英、白云母、钾长石等，它们生成的颗粒主要集中在 0.05—1 mm 这个直径区间；还有一些颗粒，可以通过水分的有无而分别形成膨胀发黏和结块的不同物理形态，这种颗粒直径主要集中在 0.005 mm 以下；有些颗粒主要次生的黏粒矿物和质员及非晶质的硅、铝、铁的水合氧化物组成，这样的颗粒直径一般会在 0.002 mm 以下；还有一些颗粒中晶质硅、铝、铁的水合氧化物达 30 %，此类颗粒的直径集中在 0.001 mm 以下；再有就是一些黏土矿物，这种类型的颗粒比较活跃，可以膨胀、吸水和吸附。

土壤的质地也可以被称为土壤机械组成，指的是土壤的粗细情况，而土壤的粗细则是由土壤的颗粒组成表现出来的，不同大小、不同比例的土粒组成了土壤不同的质地。土壤有若干个不同的分类，不同分类的土壤质地不同，可以根据粒级的重量百分比对土壤进行分类。

土壤的矿物和化学组成可以在土壤的机械组成上得到一定反映，而土壤的物理性质和孔隙情况则与土壤颗粒的大小有很大的关系。可以说，土壤质地可以在很大程度上影响着土壤的水分、空气、热量的转移和养分转化。如表 1-2-7 所示，为不同质地的土壤的性状表现。

3. 土壤的结构

（1）土壤剖面结构

发生土层指的是一种典型土层，这种典型土层能够代表土壤形成的各个过程的各个特征。土壤有自己的土体结构，土体结构则是由不同的发生土层组合而成的，这些发生土层之间也有特定的内在联系。土壤剖面是土体结构的垂直截面，这个截面从地表垂直到母岩底部。不同地区的自然环境不同，则其成土过程不同，其土体结构和土体剖面也不同。土壤的若干发生层次、颜色、质地、结构、新生体等代表了土壤的外部特征，这些外部特征则可以通过土体剖面表现出来。自然环境的变化导致土壤不同形态、性质的发生层的形成，这样土壤的性质和成土过程则可以通过发生层反映出来。表土层（A 层）、心土层（B 层）和底土层（C 层）是常用的土壤剖面发生层分类方法，又可以细分为 O、A、E、B、C、R 等层次，如图 1-2-5 所示，为不同分类的土壤剖面结构图。

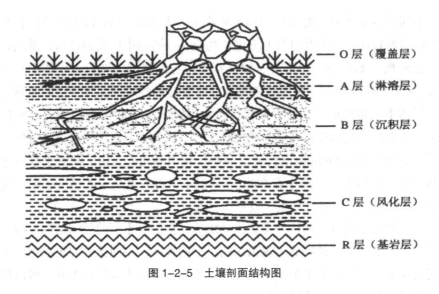

图 1-2-5　土壤剖面结构图

O 层处于剖面图的最顶层也称作覆盖层，在森林土壤中，这一层大部分是由一些枯枝烂叶组成的有机质；A 层和 E 层都可以作淋溶层，区别是 A 层指的是颜色较暗黑的有机质含量比较高的淋溶层，这种淋溶层受气候和人类活动的影响而形成，E 层指的是漂白淋溶层，这种淋溶层由淋湿的硅酸盐黏粒和矿物质颗粒组成；B 层也被称作沉积层，是由一些无机盐类、硅酸盐黏粒和腐殖质沉积而成；C 层是母质层也称作风化层，在 B 层之下；R 层是母岩层也称作基岩层，基岩层给土壤的形成提供了条件，它并不属于土壤的发生层，但它是剖面图必不可少的一部分。将 A 层和 B 层合起来，叫作土体层。土体层表示受成土过程的影响，母质层已经发生了一些变化，代表了剖面图上部土层的特点。

农耕土壤主要受自然天气和人类的劳作影响较大，土壤层次的分化比较明显，一般农耕土壤剖面层由上至下也分为表土层、心土层和底土层三层，是比较典型的分层方法。

（2）土壤剖面形成因素

外因和内因是土壤形成的两大因素，土壤剖面的形成也是在这两种因素的共同作用下形成自己的特点的。

成土因素主要有五个，分别是母质、生物、气候、地形和时间，这五大因素也是土壤变化的主要外部因素，它们的综合作用影响了土壤发展的快慢与方向。

①母质因素

土壤大多承载了母质的物理和化学组成，呈现出母质的一些性质。母质指的是母岩风化物，而母岩则是指具有块状形状的岩体。母质和母岩都与土壤的成土过程有比较直接的关系。

②生物因素

成土过程中的生物因素主要是自然界的生物，如地面上的植物、各种微生物和不同种类的动物，这些生物因素可以进行自然界的能量转化，使土壤具有不同的营养元素，在能量转化过程中形成的腐殖质，又可以为植物提供营养，形成良好的循环。

③气候因素

气候因素主要指的是自然气候环境中的温度和降雨，也是土壤成土过程中的一个基本因素。气候因素可以改变土壤的温度和水分，主要影响土壤中无机物和有机物的转移与转化，进而对土壤的性能和发展产生影响。

④地形因素

地形因素主要指土壤所形成的地区的地势高低、坡度等情况。地形虽然无法为土壤提供额外的物质，但是它可以改变土壤的物质分配，影响土壤中的能量交换。同时，不同的坡向土壤的温度不同，接收太阳能量的面积不同，从而出现物质和能量在不同地方聚集和分散的情况，还可以通过坡度影响水分的分配，进而影响土壤的性能。

⑤时间因素

在时间维度上，土壤是运动的，土壤有相对年龄和绝对年龄之说。横向上看，土壤的发展是一个从形成到成熟的过程，成熟的土壤会成为某种类型的土壤，这种类型不是一成不变的，会随着时间的推移演变成不同类型的土壤，这种不同的阶段，对于土壤来说，就是相对年龄。绝对年龄指的是，从纵向上看，土壤或者其剖面代表了土壤从开始到形成的时间。对于不同年龄的土壤来说，其类型也不尽相同。

（3）土壤的形成过程

土壤的形成不是一蹴而就的，它需要时间的积累，需要岁月的打磨，同时也需要特定的地形影响。土壤的形成是成土因素之间相互作用、能量交换的结果，也可以看作自然界的化学和生物反应的结果，其中又可以分为大小两种循环。第一种是生物小循环，是指母质与自然界的生物之间的物质和能量转化过程，主要对土壤中的有机质产生影响。第二种是地质大循环，是母质与自然气候相互作用，进行物质交换，主要的功能就是进行土壤物质的分散和沉积的过程，对于土壤来说，就是在漫长岁月中不断得与失。两种循环共同推进土壤的形成、发育和成型，成土过程的分类，主要有以下几种。

①原始成土过程

原始土壤的形成始于低等植物对母质中矿物质的分解，这些低等植物在水分比较少的情况下，可以从岩石表面或者那层薄薄的风化物合成或者分解有机质，转化为供自身生长的养分，在这个过程当中，土壤逐渐变得肥沃。

②腐殖化过程

在成土过程中，土体表面会逐渐显现出一层特别暗的腐殖质层，这是由于不同植物的生长所带来的腐殖质的积累，这一过程也是土壤形成中比较常见的现象。

③灰化过程

土体亚表层中的 SiO_2 和腐殖在长时间的淋溶作用下不断地沉淀，土体亚表层中的 SiO_2 含量会逐渐增加，会慢慢地呈现灰白色，这个过程就是灰化过程。

④黏化过程

黏化过程最终会形成黏化层，这个过程一般是在土体的心部进行的。黏化过程就是土壤中的黏土矿物不断累积的过程。

⑤富铝化过程

在一些高温多雨的地区，土体经过长年的自然环境作用，会造成盐基离子和硅酸的淋失，但是土体中的铝、铁等会逐渐积累，这个过程就是富铝化过程，它会使土体颜色呈现鲜红色。

⑥盐碱化过程

盐碱化过程就是土壤自然形成过程中的盐化和碱化。一些易溶性的盐类容易在土体的上部逐渐地沉积，这就是土壤的盐化。土壤的碱化会使得土壤形成碱化层，这是由于土壤胶体中含有大量的交换性钠，发生强碱性反应。

⑦钙化过程

钙化过程大多发生在比较干燥的土体中下部，经过时间的累积会形成一种钙积层。钙化过程大多发生在一些干旱、半干旱地区，也就是土壤中碳酸盐沉积的过程。

⑧泥炭化过程

泥炭化过程指的是死亡的植物在土体表层逐渐累积成为土壤中的有机质的过程，它会在土体表层形成泥炭层，也可以看作粗腐殖层。

⑨潜育化过程

有的土体长期被水浸润，造成土体或者土体的下部严重缺乏空气。在缺乏空气的环境中，高价铁锰就会在土壤中进行还原反应，进而转化为亚铁锰，经过长期的转化，土体中会形成一个还原层，呈蓝灰或者青灰色，这个还原层就被称为潜育层。

⑩潴育化过程

潴育化过程指的是在不同的季节由于地下水位的变化，在土壤中所进行的氧化还原交替过程。潴育化过程形成的土层叫作潴育层，土壤中这种土层呈现一种锈纹，主要是土壤中的铁锰化合物随着水位的变化在氧化还原交替的过程中而累积形成的。

上面所述成土过程都是没有人工干预的过程。而对于人类使用的农耕地来说，通常人类为了达到增产的目的，会通过不同的肥料对土壤进行定向的改良，人类对土壤改造的过程也称作土壤的熟化过程。经过长期的熟化过程，土壤表层会比较松散，适合农耕，这种表层称作耕作层，在此之下，为犁底层。犁底层具有保肥、蓄水的效果。

（4）土壤结构的分类

土壤的结构是不同的，它会形成很多种形态，但是总体来说有下面几种。

①片状结构

这种结构一般出现在适合农耕的犁底层和冲积性母质层。片状结构体一般沿水平方向延伸，呈现不同的鳞片状或板页状。

②棱柱状结构

这种结构一般出现在中底层的黏质土壤中，有时也可能会延伸到土壤的表层。棱柱状结构体一般是沿垂直方向延伸，呈柱状，但是边缘比较尖锐，而且没有圆顶。棱柱状结构体的长度因土壤类型而异，大部分在 15 cm 左右。

③柱状结构

柱状结构是一种具有圆顶的与棱柱状结构类似的结构。在一些富含砂砾的底土层或者是在一些碱土的土心层中比较容易出现柱状结构，出现的地区一般是半干旱地区。

④角块状结构

角块状结构体也有其形成的土壤特点，大多数在一些质地中等和质地比较细密的土壤的中下层会出现角块状结构体。角块状结构体一般呈立体式延伸，可以看作一种表面平滑但是形状不规则的六面体，而且棱角分明。

⑤团块状结构

团块状结构也叫作棱角不明显的块状。这种结构体具有和块状结构体类似的特征，但是没有明显的棱边。

⑥粒状结构

这种结构体是肥沃的农耕土壤表层中最常见的一种结构体，是一种直径一般在 0.25~10 mm 的球状。结构体之间缝隙较大，易于农耕。

⑦团粒状结构

团粒状结构体和粒状结构类似，但是其内部空隙较多。

4. 土壤的相对密度和容重

土壤密度与土壤相对密度经常混用。土粒密度或土壤密度指的是单位容积的固体土粒（不包括粒间孔隙）的质量，以 g/cm^3 为单位。土粒相对密度或土壤相对密度指的是土粒密度与水的密度（4 ℃时水的密度为 1 g/cm^3）之比，量纲为 1。虽然土粒的有机质含量也会影响土壤相对密度值，但是土粒的矿物组成才是影响土壤相对密度数值的主要因素，而对于土粒的矿物质来说，其相对密度大多是在 2.6~2.7，因此一般以平均值 2.65 作为土壤相对密度值。土壤有机质的相对密度为 1.25~1.40，因此对于有机质比较多的土壤，其土壤相对密度值会降低。对于腐殖质较多的土壤可以取其相对密度 2.4 左右，对于一些含有较多的泥炭和森林凋落物的土壤，其相对密度可以取 1.4~1.8。还可以用比重瓶来实际测量土壤的相对密度，但是对于大多数情况来说，还是以 2.65 来取值。

土壤容重以 g/cm^3 为单位，指的是单位容积土壤（包括土粒间孔隙）的质量。对于土壤容重的土壤来说，需要在一定温度下对其进行烘干以除去土壤中的水分，温度一般可以控制在 105~110° C。土壤的容重受不同因素的影响，其中包括土壤的质地、疏松度和有机质含量等。土壤中单粒排列越疏松，空隙越大，其容重就越小。土壤容重可以在一定程度上反映土壤的疏松度，帮助人们对土壤结构进行大致的判断。在计算当中，土壤容重具有很重要的作用，它可以看作一项基础数据，在计算土壤的质量、空隙度和环境容量时，能够显示其实际意义，对于人们的生产生活具有很多的实用价值。

5. 孔隙度

土壤可以看作一种多空体，它是由固体土粒和复杂难计的土粒孔隙组成的，因而非常繁杂。土粒间的空隙可以容纳植物生长所需的水分和空气，同时还可以为它们的流动提供通道。土壤孔隙性是土壤某几个指标的总称，这几个指标是土壤的孔隙度、大小孔隙的比例及其在土体中的分布情况。土壤的孔隙度可以用来反映土壤空隙的数量，也可以称为土壤的总孔隙度，指的是在自然状态下，单位容积土壤中孔隙容积所占的百分率。其中，孔隙容积指的是土壤中的所有空隙，包括不同大小和不同形状的空隙。土壤类型不同、发生层不同，则土壤的孔隙度

不同。土壤孔隙度一般可以根据土壤相对密度和容重计算得出，即

$$土壤孔隙度 = \left(1 - \frac{土壤容重}{土壤相对密度}\right) \times 100\% \tag{1-1}$$

从上述式子中可以看出，容重越大，孔隙度越小，反之亦然。

（二）土壤的化学性质

1. 土壤的酸碱性

土壤的酸碱性与土壤溶液中的 H^+ 和 OH^- 有着直接的关系，H^+ 和 OH^- 的比例决定着土壤溶液是酸性、中性或碱性。H^+ 和 OH^- 的产生，主要是由于在土壤这个庞大繁杂的体系中，各种不同的物质在进行着不同的化学和生物反应。土壤的酸碱性同样与土壤的固相组成和吸附性能关系比较密切，是一种比较重要的化学特性，可以影响土壤中微生物的活性、土壤的肥沃程度、植被的生长及矿物质和有机质的分解，同时也影响着土壤中污染物的迁移转化。

土壤根据酸碱度可以分为 9 级，具体如表 1-2-2 所示。

表 1-2-2　土壤酸碱度分级

酸碱度分级	pH
极强酸性	< 4.5
强酸性	4.5~5.5
酸性	5.5~6.0
弱酸性	6.0~6.5
中性	6.5~7.0
弱碱性	7.0~7.5
碱性	7.5~8.5
强碱性	8.5~9.5
极强碱性	> 9.5

我国地域辽阔，不同地域的纬度不同，气候也不同。对于我国土壤的酸碱性来说，由南至北呈现 pH 值逐渐增长的规律，总体 pH 值在 4.5~8.5 之间。以长江为界，南部大多为酸性和强酸性土壤，比如广泛分布于华南、西南等地的红壤和黄壤，一般为弱酸性，其 pH 值一般在 4.5~5.5，而有的地区则呈现强酸性，pH

值可以低至 3.6~3.8。北部大多为中性或碱性，如华北、西北等地，由于土壤中含有 $CaCO_3$，土壤一般呈现弱碱性，pH 值一般在 7.5~8.5，而有的地区则呈现强碱性，pH 值可以高至 10.5。

（1）土壤的酸度

土壤酸度主要两种，其中一种是活性酸度，另外一种则是潜性酸度。在酸度不同的土壤中，H^+ 的存在形式不一样。

土壤活性酸度也称为有效酸度，它直接反映了土壤溶液中 H^+ 的浓度，用 pH 表示。土壤溶液中的碳酸、有机酸和其他无机酸是 H^+ 的主要来源，其中碳酸主要来自空气中的 CO_2 与土壤中水的化学反应，有机酸主要来自土壤中有机物的分解，其他无机酸主要是来自土壤中矿物质的氧化。对于农耕土壤来说，土壤改良中使用的各种肥料残留也是 H^+ 的主要来源。另外，大气污染中的酸性物质，在沉降后也会造成土壤的酸化，伴随着污染的严重，大气酸也成为土壤中 H^+ 的一个重要来源。

土壤中的可交换性 H^+ 和 Al^{3+}（包括交换酸和水解酸）是土壤潜性酸的主要来源，它们广泛地被土壤中的土壤胶体所吸附。之所以被称为潜性酸，主要是由于这些离子平时被土壤胶所吸附，只有在达到特定条件时才会显现酸性。但是这些离子可以通过交换作用进入土壤溶液，这样会导致土壤的 H^+ 的增加，降低土壤的 pH。土壤的潜酸度主要体现在以下几个方面。①被吸附的 H^+ 随时可以与土壤颗粒分离，补充土壤溶液中消失的 H^+，从而使土壤溶液中的活性酸保持平衡，这样潜性酸就变成了活性酸。②被吸附的 H^+ 随时可以与土壤中的其他阳离子进行离子交换，从而变成活性酸，改变土壤酸度。③一般在强酸性的土壤中，土壤颗粒经常会吸附数量庞大的交换性 Al^{3+}。如果土壤溶液的酸度增加，那么也会有更多的 H^+ 被吸附于土壤颗粒表面，但是土壤颗粒对 H^+ 的吸附能力有限。当土壤颗粒对 H^+ 的吸附达到饱和状态时，土壤黏粒就会出现不稳定性，这时，晶格内铝氧八面体就会破裂，晶格中的 Al^{3+} 就会成为交换性阳离子或溶液中的活性 Al^{3+}，而这些 Al^{3+} 会继续被其他胶粒所吸附。

在土壤中，潜性酸度是影响酸性的主要因素，潜性酸和活性酸是一个动态平衡的关系，可以相互转化。但是，活性酸是造成土壤显现酸性的根本。土壤溶液中只有存在了 H^+，它才能与其他盐离子进行交换，随着降雨导致盐基离子的流失，多余的 H^+ 则会被土壤颗粒吸附，土壤酸性也会逐渐增强。

（2）土壤的碱度

土壤的碱度同样使用 pH 来表示。当土壤溶液中的 OH^- 浓度比 H^+ 的浓度高时，就会呈现碱性。土壤中含有碱金属（Na、K）和碱土金属（Ca、Mg）的碳酸盐和重碳酸盐水解是造成土壤显碱性的重要原因，同时被土壤胶体所吸附的交换性 Na^+ 等也是原因之一。土壤的总碱度指的就是碳酸盐和重碳酸盐碱度的总和。

土壤碱度指标之一是液相碱度指标。一般情况下，以土壤溶液中 CO_3^{2-} 和 HCO_3^- 的含量作为土壤液相碱度指标，主要是由于在土壤溶液中的弱酸强碱性盐类里，CO_3^{2-} 和 HCO_3^- 这两种弱酸根是含量最高的。当然，土壤溶液中也会有一些少量的 SO_4^{2-} 和有机酸根，但是不是影响指标的主要因素。CO_3^{2-} 和 HCO_3^- 通常和碱金属（Na、K）及碱土金属（Ca、Mg）结合形成盐类。在其结合的类型中，会有两种难溶于水的盐类，分别是 $CaCO_3$ 和 $MgCO_3$，正常大气条件下，含有这两种盐类的土壤溶液 pH 最高能够达到 8.5。在土壤学中，石灰性物质导致的碱性反应（pH 为 7.5~8.5）被称为石灰性反应，石灰性反应造成的碱性土壤被称为石灰性土壤。

土壤碱度的另一个指标叫固相碱度指标。这个指标主要反应壤胶粒对交换性碱金属离子的吸附能力，包括对 Na^+、K^+、Mg^{2+} 等离子的吸附能力。其中，最主要的金属离子是 Na^+，主要是因为 Na^+ 水解后产生的 NaOH 会使土壤呈明显的碱性。

2. 土壤的缓冲性

土壤有一个重要的性质，就是土壤的缓冲性，它指的是土壤具有维持自身酸碱平衡的能力，具体表现为它的抗酸碱性。土壤的这种能力使它可以为植物、微生物提供一个相对稳定的生长活动环境，主要表现为以下方面。

（1）土壤中含有很多解离度很小的弱酸和弱酸强碱盐类，可以构成一个比较稳定的缓冲系统，如碳酸、重碳酸、磷酸、硅酸和腐殖酸及盐类等。

（2）土壤中的蛋白质和氨基酸等有机物，由于含有羧基（—COOH）和氨基（—NH_2），可以中和土壤中的碱和酸，也可以在一定程度上维持土壤的酸碱平衡。

（3）土壤颗粒吸附的交换性盐基离子比如 Ca^{2+}、Mg^{2+}、Na^+ 等可以中和一些酸，而交换性 H^+、Al^{3+} 可以中和一些碱。

3. 土壤的胶体性

（1）土壤的胶体结构和种类

土壤胶体对土壤吸收性能有着重要的影响，如土壤养分的供应与维持，此外它还对土壤的酸碱性、缓冲性等具有较大的影响。它作为土壤中最细微的颗粒具有粒径小、表面积大的特征，通常情况下土壤胶粒的粒径为 1~100 nm，但是在土壤中并非仅仅粒径为 1~100 nm 的胶粒具有胶体性质，其实际粒径为 1~1000 nm 的粒子也具有胶体性质，为此我们在实际研究中研究其基本性质时，应当将此范围的黏粒列入研究范围。

　　土壤胶体主要由三部分组成：胶核、吸附层、扩散层（图1-2-6）。其中胶核是土壤胶体的关键组成部分，它主要由水、二氧化硅、三氧化二铁、蛋白质等分子团组成。吸附层又分为内吸附层（决定电位离子层）、外吸附层（非活性补偿离子层）两大类，其划分依据是其存在位置，如吸附在胶核上的离子被称为内吸附层，而吸附在内吸附层上的离子被称为外吸附层。胶核与内外吸附层则共同构成了胶粒，由于内吸附层的离子数量远远高于外吸附层，因此胶粒本身带电，而且它的电性受内吸附层影响，二者呈正相关关系。当胶粒电荷不足时，则需要发挥扩展层补偿离子层的作用。通常情况下，补偿离子层的离子活力要远远高于外吸附层离子活力，因此它会与土壤溶液中的离子进行交换。一般情况下，土壤中的矿物质以层状结构呈现出来，如土壤中硅酸盐类型的矿物质结构。当然，土壤中矿物质的结构也有其他形状，如氢氧化铝、水铝英石等土壤矿物质，它们则以近似球形的结构呈现出来。

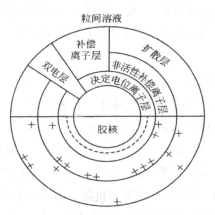

图1-2-6　土壤胶体构造示意

　　土壤胶体按照不同的分类方式又被划分为不同的类型，例如以成分、来源可以将其划分为有机胶体、无机胶体、有机无机复合体。

　　通常情况下，土壤中的无机胶体数量要远远高于有机胶体数量。与此同时，无机胶体往往以土壤黏粒的形式出现在自然界，人们又将其称之为矿物质胶体。土壤黏粒主要包括两种黏土矿物质，第一种是那些包含铁、硅等元素的含水氧化物，第二种是土壤中层状硅酸盐类黏土矿物质。其中，第一种土壤黏粒属于两性胶体，它的带电性往往受土壤中酸碱反应影响，通常情况下如果土壤呈酸性（pH <5），土壤黏粒则带正电荷，如果土壤呈碱性，土壤黏粒则带负电荷。虽然第二

种土壤黏粒（层状硅酸盐类矿物）的化学成分及水化程度有着一定的区别，但是无论内部还是外部却又有着一定的相似之处。从外部形态上来看，它们都是极其细微的结晶颗粒；从内部结构上来看，层状硅酸盐类矿物均由硅氧四面体、铝氧八面体构成，它们都还有结晶水。

有机胶体主要由腐殖质、蛋白质、氨基酸、多肽及纤维素等构成。其中腐殖质是构成有机胶体的主体部分，它是一种高分子化合物。具体而言，它具有相对分子质量大且结构复杂的特点，与此同时它具有一定的胶体性质。在此我们需要注意土壤中的微生物，它们与腐殖质一样，都具有明显的胶体性质。有机胶体与其他胶体在数量上有明显的差距，它在土壤中的含量很少，但是其性质却十分活跃，除此之外有机胶体所带的负电荷要比无机胶体多，有机胶体的阳离子交换量可达到 300~500 cmol/kg。通常情况下，有机胶体是以非晶质的形式出现，有机胶体有较高的亲水性，它可以对大气中的水分进行吸收，且吸收质量可以达到自身质量的 80 %~90 %。

一般来说，土壤中的有机胶体不会以单独的形式存在，它们往往与土壤中的无机胶体共存，并形成有机无机复合体，然而这个形成过程却十分复杂。当前学术界对于有机无机复合体的形成机理形成了普遍认识，即范德华力、静电引力及阳离子键桥等是有机无机复合体形成的主要机理。除此之外，有机无机复合体在形成过程中往往会受到多个机理的共同作用。

（2）土壤胶体特性

第一，土壤胶体有十分大的比表面积、表面能。所谓的比表面积主要指的是单位质量的总表面积，抑或是单位体积物体的总表面积（cm^2/g 或 cm^2/cm^3），具体公式如下：

$$比表面积 = \frac{总表面积}{质量（体积）} \tag{1-2}$$

从上面的公式中可以看出，如果一个物体的质量是固定的，那么它比表面积会随着总表面积的变化而变化。也就是说，如果颗粒越细，其比表面积越大，如腐殖质的颗粒十分细小，但其比表面积很大。此外，一些无机胶体不仅具有较大的外比表面积，同时也具有较大的内比表面积，这些无机胶体之所以能够具有较大的内比表面积，主要是由于它的内部晶层可以扩展。

表面能主要指的界面物质分子中的多余不饱和能量。从热力学角度来看，物质分子中多余的能量通过与外界中其他分子相互作用的方式，最终使其达到稳定状态。从某种意义上来讲，土壤中的吸附作用便是表面能作用的结果，而且表面能也会随着比表面积的变化而变化，在这个变化中二者呈正相关关系，即比表面积增大，表面能就增强。因此，如果土壤胶体的比表面积越大，那么土壤的表面能就越强，这直接影响了土壤胶体的胀缩性及黏着性。

第二，带电性。依照稳定性原则，电荷又可以细分为永久电荷和可变电荷两种类型，而电荷的稳定性则与土壤中的一些因素有关，如黏土矿物的同晶置换、晶格边缘断键等。除此之外，土壤胶体电荷的稳定性还受到胶体表面分子解离、胶体表面吸附离子的影响。

同晶置换存在于晶体形成过程中，即晶体在形成时，矿物的中心离子被那些电性相同、大小接近的离子替换，然而这些离子代替并未导致晶格构造发生变化。此外，在同晶置换过程中所产生的负电荷，往往存在于晶体内部，而且这些负电荷在晶体形成之后，便不会受外界环境的影响，此类电荷属于永久电荷。经过同晶置换的黏粒通常情况下会带有较多的负电荷，而这些负电荷依靠其强大的吸附力，将阳离子牢牢锁住，从而使土壤保持良好的肥性。

土壤胶体可变电荷的产生并非偶然，而导致电荷产生的主要原因是胶体表面分子的解离。通常情况下，基团对氢离子的解离能力受介质 pH 的影响，且二者呈正相关关系，即 pH 高则解离能力就高，此时土壤胶体便会产负电荷。当土壤胶体不再有可变电荷产生时，说明介质 pH 达到了一定数值，而这个数值通常被称之为"可变电荷的电荷零点"。此外，通过电荷零点，也可以确定土壤胶体所带电荷的性质，如果 pH 低于电荷零点，那么土壤所带电荷就为正电荷。

除此之外，土壤胶体可变电荷的产生也受到了晶格边缘断键、胶体表面吸附离子的影响。例如，硅酸盐黏土的晶层断裂、硅氧片的断裂边缘都会产生一定量的电荷，而这些电荷通常情况下为负电荷。

土壤胶体还具有凝聚作用和分散作用，这两种作用既包含了可逆性，又包含了不可逆性。土壤胶体的这两个性能，在极大程度上影响了土壤的结构性及通透性。此外，土壤胶体的凝聚作用和分散作用主要体现在土壤胶体的两种状态转换上，即凝胶与溶胶的转换，当土壤胶体由凝胶转为溶胶时，被称之为"分散作用"，反之则被称之为"凝聚作用"。从凝聚作用和分散作用形成机理上来看，它主要受两种力的影响，一是胶粒之间的静电斥力，二是分子之间的引力。而这两种力和胶粒间的距离及胶粒所携带的静电荷数量相关。并不是所有的土壤凝胶都可以转变为溶胶，现实中部分凝胶是无法转变为溶胶的，这便是不可逆性。例如，由 Fe^{3+}、Al^{3+}、Ca^{2+} 这些离子引发的胶凝是无法转变为溶胶的，而那些由 K^+、Na^+ 等一价阳离子引发的胶凝则具有可逆性。

通过上文的分析可以清晰地发现土壤胶体对土壤环境有着十分重要的作用，尤其是土壤胶体的吸附与迁移作用对污染物的处理产生了重大影响。土壤胶体与土壤中的其他大颗粒有着一定的区别，它能够与污染物产生十分强烈的吸附与络合反应，进而发生一系列的环境行为，如释放、沉积、迁移。此外，正是由于土壤胶体的存在，才使得污染物迁移的两相介质（固—液）变为三相介质（固—液—胶）。对于土壤中的重金属污染，土壤胶体具有超强的吸附作用，而土壤胶体的这种吸附作用细分为非专性吸附、专性吸附，非专性吸附相对于专性吸附而言具有速度快的优势。同时，土壤胶体的吸附作用及土壤介质的形式也在一定程度上影响着重金属污染物的迁移。

4. 土壤的离子吸附与交换性

（1）土壤胶体的阳离子交换吸附

一般情况下，无论是土壤中的有机颗粒还是无机颗粒，都带有一定的电荷，且为负电荷，从而使其可以将阳离子吸附在颗粒表面。土壤胶体吸附的 H^+、Al^{3+}、Ca^{2+} 等离子可以与其他阳离子进行交换，而这些可以产生相互交换的阳离子又被称之为"交换性阳离子"，在阳离子的交换下形成了离子交换作用。从整体上来看，阳离子从土壤溶液中转移至土壤颗粒上的这个过程，可以定义为"离子的吸附过程"；反之，当阳离子从土壤颗粒上转移至土壤溶液中的过程，亦可被定义为"离子的解吸过程"。

通常情况下，影响土壤胶体阳离子交换能力的因素有以下几个方面。一是离子电荷数，从理论角度上来讲，如果土壤胶体中阳离子的电荷数越高，那么阳离子的交换能力就越强，反之交换能力就越弱。二是离子半径及水化程度，当离子同价时，离子半径的大小直接影响了水化离子半径大小，二者呈负相关关系，即离子半径越大水化离子半径就越小，此时阳离子的交换能力就越强。目前，土壤中可用于交换的阳性离子主要有致酸离子（H^+、AH）和盐基离子（Ca^{2+}、Mg^{2+} 等）两种类型，这两种交换类型决定了土壤的性质。如果土壤胶体颗粒中所吸附的阳离子为盐基离子且达到饱和状态，那么这种土壤就被称之为盐基饱和土壤；反之如果土壤胶体颗粒所吸附的离子类型包含了致酸离子，那么此土壤便被称之为盐基不饱和土壤，而土壤中盐基离子所占的百分比便是土壤盐基饱和度。

（2）土壤胶体的阴离子交换吸附与负吸附

土壤胶体阴离子交换吸附与土壤阳离子交换吸附正好相反，它主要是土壤胶体中的阴离子与土壤溶液中的阴离子相互交换。通常情况下，土壤阴离子吸附被分为易被土壤吸附的阴离子和吸附作用很弱的阴离子两种类型。在易被土壤吸附的阴离子中，我们需要特别注意磷酸根离子，这类阴离子往往与土壤中的阳离子发生化学反应，并形成难溶化合物，而所形成的难溶化合物的溶解度也直接决定了阴离子的吸附能力。而吸附作用较弱的阴离子，它们只有在极酸环境下才有可能被吸附。

（3）沉淀吸附

一般情况下，土壤中的部分物质会与土壤表面的一些成分发生反应，并形成沉淀，而沉淀同样是实现吸附作用的重要途径之一。说到沉淀，不得不提到 $CaCO_3$，它在土壤中具有十分重要的作用，更是一个完美的沉淀剂，之所以这么说，主要是由于 $CaCO_3$ 可以源源不断地为土壤提供 CO_3^{2-}。除此之外，它还可以为土壤提供 OH^-。另外，在土壤的众多物质中磷酸盐同样具有良好的沉淀作用，然而它在沉淀过程中虽然消除了重金属污染，但是会将自身"封闭"起来，难以被植被所吸收。最后，土壤中的 S^{2-} 同样具有强力的沉淀作用，但是其沉淀作用有苛刻的前提条件，即只有在强碱性条件下才能发挥作用，与此同时它在发挥沉淀作用的同时也会使土壤中的一些影响元素失效。

（4）配位或螯合吸附

土壤在对金属离子吸附作用不仅包含了静电吸附和沉淀吸附，同时也包含配位吸附和螯合吸附。配位吸附主要是通过共价键或者配位键的形式，将离子中的阴阳离子有序结合起来，并将其吸附在土壤固相表面。螯合吸附主要指土壤中的无机配位体和有机配位体，它们极大程度上会与金属离子产生螯合作用，从而形成螯合吸附。

通常情况下，能够与土壤配位吸附成功的阳离子主要是元素周期表中的过渡金属元素的阳离子。反过来看，阳离子中的金属元素往往被吸附在土壤颗粒表面，而且这些表面带着一定的可变电荷。具体来讲，土壤中的铝、锰等元素的氧化物是土壤配位吸附的主要成分。通常情况下，土壤固相的表面都有与之相对应的吸附点。土壤中阴离子的配位吸附则有着其他表现形式，阴离子往往与颗粒表面的结合基团进行配位。无论是何种形式的配位吸附，配合物和螯合物的稳定性都会受到土壤 pH 的影响。土壤 pH 低则螯合物的稳定性低，这主要是由于在此种情况下，H^+ 会与配位金属离子争抢螯合剂，从而导致螯合物的稳定性较差。反之，当土壤 pH 高时，其稳定性就会高，这主要是由于此时的配位金属离子往往会形成不溶性化合物，如氢氧化物等。

配位吸附与静电吸附有着明显的区别，二者的区别主要体现在以下几个方面。

第一，静电吸附的作用力主要是离子间的静电力及热运动平衡，在这两个作用力下，使离子保持在双电层的外层。通常情况下，这种吸附作用具有可逆性，即土壤溶液中的离子与被吸附离子可以进行等价置换。第二，配位吸附在作用力上明显区别于静电吸附，它不受离子间静电力的影响，它可以在带净正电荷或者净负电荷的土壤胶体表面实现吸附。除此之外，配位吸附的离子可以进入金属离子配位壳当中，并在配位壳中与羟基发生二次配位，然后通过共价键或者配位键的方式直接体现在固相表面。

5. 土壤的氧化还原性

土壤中含有许多具有氧化性、还原性的有机、无机物质，在这些物质与微生物共同作用下它们时常进行氧化还原反应，而这些通常以元素价态的变化呈现出来。一般土壤中参与氧化还原反应的元素常见的有 C、O、S、Fe、Mn、Cr 及其他一些变价元素。较为重要的是 O、S、Fe、Mn 和某些有机化合物，并以 O 和有机还原性物质较为活泼。从某种意义上来讲，氧化还原反应对土壤有十分重要的作用，该作用主要作用在土壤形成过程之中，如土壤物质的转化、土壤元素形态、土壤物质的迁移及土壤剖面的发育等方面。除此之外，土壤中的氧化还原反应，还对土壤中污染物有着相应的制约作用。土壤中的主要氧化剂有 O_2、NO_3^- 离子和高价金属离子，如 Fe（Ⅲ），Mn（Ⅳ）、V（Ⅴ）、Ti（Ⅵ）等。土壤中的主要还原剂有有机质和低价金属离子。此外，土壤中植物的根系和土壤生物也是土壤发生氧化还原反应的重要参与者。土壤溶液中可以产生氧化和还原反应的物质很多，它们构成一系列的氧化还原平衡体系，土壤中主要氧化还原体系如表1-2-3所示。

表 1-2-3 土壤中主要氧化还原体系

体系	氧化态	还原态
氧体系	O_2	H_2O
铁体系	Fe^{3+}	Fe^{2+}
锰体系	Mn^{4+}	Mn^{2+}
硫体系	SO_4^{2+}	H_2S
氮体系	NO_3^-	NO_2^-
	NO_3^-	N_2
	NO_3^-	NH_4^+
有机碳体系	CO_2	CH_4

目前学术界往往以 E_h 值来衡量土壤的氧化还原能力，E_h 即氧化还原电位，该数值主要体现的是土壤中氧化态和还原态物质的相对浓度。从表面上来看，该数值计算较为简单，然而在现实中，土壤中所包含的氧化态物质和还原态物质十分复杂，这也增加了计算 E_h 的难度。为此，往往以实际测量土壤的 E_h 来评测土壤的氧化还原能力。经过学者多年的实践经验，对旱地、水田的 E_h 进行了总结，通常情况下旱地的 E_h 在 $+400\sim+700mV$，水田的 E_h 在 $-200\sim+300mV$。另外，通过对 E_h 的确定，也可以在一定情况下确定土壤中无机物和有机物的氧化还原反应情况及环境行为。

土壤 E_h 决定着土壤可能进行的氧化还原反应，因此测得土壤的 E_h 就可以判断物质处于何种价态，如表 1-2-4 所示，列举了土壤 E_h 与土壤状态关系。

表 1-2-4　土壤 E_h 值与土壤状态关系

土壤 E_h/mV	土壤所处状态
$E_h > 700$	土壤完全处于氧化条件下，有机物质会迅速分解
$400 \leqslant E_h \leqslant 700$	土壤中氮元素主要以 NO_3^- 形式存在
$E_h < 400$	反硝化反应开始发生
$E_h < 200$	NO_3^- 开始消失，出现大量的 NH_4^+
当土壤渍水时 $E_h < -100$	Fe^{2+} 浓度已经超过 Fe^{3+}
$E_h < -200$	H_2S 大量产生，Fe^{2+} 就会以 FeS 的形式沉淀，迁移能力大大降低

实际上，土壤的氧化还原并不是那么均匀。也就是说，哪怕是在同一块土壤之中，土壤的氧化还原反应程度也并不相同。影响土壤氧化还原作用的因素主要有以下几个方面。

（1）土壤通透性。无论是理论还是实际，土壤的透气性越好，那么土壤的 E_h 就会相应提升，二者呈正相关关系。也正是由于土壤透气性与 E_h 的这一关系，才使其可以作为评价土壤透气性的指标。

（2）无机物。土壤中含有的无机物与氧化还原作用有直接关系，通常情况下，如果土壤中的无机物质较多，那么土壤的氧化还原作用就越强，反之则越弱。

（3）有机质含量。此处所说的有机质含量，主要指的是那些容易被分解的有机质，当这些容易被分解的物质增多时，它们会无形之中增加耗氧量，而此时氧化还原作用则变弱。

（4）土壤 pH。土壤的 E_h 在一定程度上受到了土壤 pH 的影响，从理论角度上来讲，双方呈负相关关系，即此消彼长的关系。

（5）植物根系代谢作用。土壤氧化还原作用与植物根系的代谢作用有密切关系。植物根系在生长过程中可以分泌出大量的有机酸，这为根际微生物创造了良好的生存、活动环境，这对土壤氧化还原作用起着积极作用。此外，植物根系所分泌出的部分分泌物也可以直接参与土壤的氧化还原反应，它们对土壤的 E_h 起直接或间接作用。

（6）微生物活动。从某种程度上来讲，微生物活动对土壤 E_h 有直接的影响，然而这个影响过程却十分复杂。具体而言，微生物在活动中需要消耗氧气，如果土壤中微生物活动强度愈发激烈，那么他们所需要消耗的氧气量也就随之增加，这在一定程度上可能会导致土壤中还原态物质的浓度增加。除此之外，土壤中微生物活动，也有可能将土壤中低价金属的离子氧化成高价态的氧化物。

6. 土壤中的配位反应

从上文的分析中，我们也不难发现土壤是一个复杂的体系，因此配位反应广泛存在于土壤体系之中。金属离子和电子供体结合而成的化合物称为配位化合物，其中，具有环状结构的配位化合物，称为螯合物，比简单的配合物具有更好的稳定性。土壤中常见的无机配位体有 Cl^-、SO_4^{2-}、$CO3^{2-}$、OH^-，以及特定土壤条件下存在的硫化物、磷酸盐等，它们均能取代水合金属离子中的配位分子，与金属离子形成稳定的螯合物或配离子，从而改变金属离子（尤其是重金属离子）在土壤中的生物有效性。

有机物在土壤中能产生螯合作用，参与的基团主要包括羟基、羧基、氨基、亚氨基和巯基等，在土壤中有较多这样的基团，它们通常情况下存在于腐殖质、蛋白质、有机酸及多酚等物质当中，其中腐殖质中包含这样的基团最多。土壤中的部分金属离子可以产生螯合作用，如 Fe^{3+}、Al^{3+}、Ni^{2+}、Ca^{2+} 等，由于土壤中金属离子的性质不同，因此所产生的螯合物的稳定性也并不是很相同。通常情况下，螯合物的稳定性取决于土壤的 pH。

（三）土壤的生物学性质

土壤中有着丰富多样的生物群体，这些生物群体中主要包括了土壤动物、微生物、原生动物。其中，微生物是土壤生物的主要组成部分，无论是在数量上，还是在种类上，微生物都占据了绝对性的优势，毫不夸张地说每克土壤中包含着数以万计的微生物，如细菌、真菌、酵母等。微生物在土壤中可以产生各式各样的专性酶，而这些产生的专性酶则对土壤中有机质的分解起着关键性的作用。除此之外，土壤中的微生物及其他生物对重金属污染有着较强的自净能力，它们的这种能力又被称之为"生物降解作用"。从某种意义上来讲，土壤中的微生物对重金属转化有重要作用，它们通过烷基化、去烷基化及氧化、还原等方式来分解、转化土壤中的重金属。

1. 微生物特性

土壤中的微生物具有多样性的特点，也正是由于土壤中多样化微生物的存在，从而有助于土壤的发育及形成，与此同时多样化的微生物还可以对土壤中的有机质进行分解，并使其形成养分。

结合土壤中微生物对营养及能力的需求，我们可以将微生物划分为四大类，具体如下。

（1）化能有机营养型。化能有机营养型又被称之为化能异养型，它所需要的所有营养均来自土壤，与此同时化能有机营养型所需要的碳也来源于土壤。截至目前，科学研究发现，大部分细菌属于化能有机营养型，几乎全部的真菌及原生动物也属于化能有机营养型。

（2）化能无机营养型。此种类型微生物又被称之为"化能自养型"。从名字中不难发现，此类微生物的能量及碳来源与自身有关，它们自身可以将空气中的二氧化碳及土壤中的无机盐类物质转换为能量。虽然这种类型的微生物在土壤中并不是很多，但是它们对土壤有着十分重要的作用。

（3）光能有机营养型。此种类型微生物又被称之为"光能异养型"，它们将光能作为能量来源，通过将土壤中的有机化合物作为供氢体的方式来还原二氧化碳，进而形成细胞物质。

（4）光能无机营养型。此种类型微生物又被称之为"光能自养型"。它可以通过自身对光能进行光合作用，并以无机化合物作为供氢体来还原二氧化碳，进而形成细胞物质。

另外，结合土壤中微生物对氧气的要求，我们可以将微生物划分为三大类，具体如下。

（1）好氧微生物。土壤中大部分微生物属于好氧微生物，即将氧气作为呼吸基石，如放线菌、霉菌、根瘤菌等。

（2）厌氧微生物。从名称上我们不难发现，此种类型的微生物与好氧微生物相反，它们往往在缺氧或者无氧的状态下生长，如梭菌、产甲烷菌等。

（3）兼性微生物。此类微生物兼容了前两者微生物的生长习性，无论是在有氧还是无氧的环境下都可以呼吸、生长，它们对环境有着较强的适应能力，如大肠杆菌。

2. 酶特性

土壤微生物不仅数量巨大且繁殖快，能够向土壤中释放土壤酶。土壤酶是一种具有生物催化能力和蛋白质性质的高分子活性物质，包括游离酶、胞内酶和胞外酶。目前已知的土壤酶约六十种，存在形式有游离态和吸附态，以吸附态为主。游离态土壤酶主要存在于土壤溶液中；吸附态土壤酶主要吸附在土壤胶体上，并以复合物状态存在。

土壤微生物所引起的各种生物、化学过程，全部是借助土壤酶来实现的，它是土壤有机体代谢的动力，是评价土壤肥力高低、生态环境质量优劣的生物指标，它与有机物质矿化分解、矿物质营养元素循环、能量转移、环境质量密切相关，可表征土壤养分转化和运移能力的强弱，是评价土壤肥力的重要参数。因此，土壤酶活性的研究是土壤生物学中的一项重要内容。

3. 脱氧核糖核酸特性

脱氧核糖核酸（DNA）是生物体主要遗传物质，土壤中的 DNA 包括胞内DNA 和胞外 DNA。它们的来源各有不同，胞外 DNA 主要是由各种植物死后的残体的降解及花粉的扩散传播产生的，以及植物的根系分泌的细胞裂解，以这种方式产生的还包括动物、真菌、细菌。胞外 DNA 的作用十分重要，可以为异养微生物提供碳、氮、磷等营养物质，促进细菌生物膜的形成，对于微生物的多样性和进化等方面有着不可忽视的影响。DNA 进入土壤之后，经过一系列的转化、结合、转导等方式，使得相应的基因转化为土壤的内部基因。这其中，有部分被动植物吸收，另一部分则会长久保存在土壤中。当然，也只有一些游离态 DNA会被吸收，这部分 DNA 之所以能够被吸收，是因为土壤中的脱氧核糖核酸酶 I可以降解这部分 DNA 为寡聚核苷酸和无机养分，是可以被吸收的成分，而之所以大部分 DNA 不会被吸收是因为土壤中的腐殖酸、黏土矿物、砂粒等所吸附而产生抗性，不可吸收。

（四）土壤的自净作用

土壤具有一定的自净作用，这是因为土壤对于污染物可以进行吸附，并对其分解迁移，污染物的浓度有所降低，经过转化分解等可以改变污染物的种类，有的污染物被分解转化，它的毒性也可以降低，杀死一定的物质活性，从而完成自我更新自净的过程。土壤的自净分为化学净化、生物净化、物理净化和物理化学净化。

1. 化学净化

土壤中的污染物在土壤中进行氧化—还原、络合—螯合等反应会使土壤溶液中的污染物的活性降低，起到降低土壤中污染物的成分含量的作用，污染物经过化学降解或光降解甚至可以被消除，土壤中的污染物经过这一系列的化学反应会让土壤中的污染物危害降低，起到清洁的效果，这就是土壤的化学净化作用。

2. 生物净化

土壤中不仅有各种细菌、真菌、放线菌等微生物，当然也包括蚯蚓、线虫等各种土壤动物，这种微生物或者动物可以将土壤中的污染物可吸收的成分转移到自己的体内，进行一系列转化、反应，从而为自己提供各种能量，这是一种生物的降解作用。土壤的净化能力在不同的土壤中作用不一定相同，这种生物降解作用的大小和微生物本身有关，也和土壤及污染物本身有关，适宜的温度、土壤pH、活性、C/N 比及污染物的化学性质等都是影响净化能力的因素。

3. 物理净化

污染物在土壤里会迁移、扩散、吸附及稀释和挥发，从而对污染物的含量和作用产生影响。土壤的物理净化作用所受的因素影响也比较复杂，在土壤的空隙较大、含水量较高、温度适宜的情况下，污染物就有可能扩散、挥发得快，物理净化作用就比较明显。这里对比沙性土壤和胶体含量较高的土壤，沙性土壤由于表面的吸附能力较弱，净化能力就较弱，而胶体含量较高的土壤正是因为吸附能力较强，因此自净能力就较强。农业上常常会采用翻地、淋水的方法来进行土壤的净化作用。当土壤经过松土不仅有利于植物的呼吸，土壤的孔隙度也会加大，增加土壤的空气和水的迁移速率，连带着污染物的迁移速率都会提高，提高自净能力；而适当地进行浇水增加水分含量也可以稀释土壤中的污染物浓度，增加温度也可以加快污染物的扩散、挥发。但是，值得注意的是土壤的物理自净作用也只是降低了污染物的浓度，并不会根除污染物。

4. 物理化学净化

对污染物的阳离子和阴离子进行交换和吸附可以对土壤起到净化作用。污染物进行了离子交换之后，可以将污染物转移到土壤胶体上，降低污染物浓度，起到了净化的作用。土壤胶体在离子交换的时候起到至关重要的作用，土壤中胶体的含量越高，物理化学净化能力就越高，含量越低，净化能力就越低。但是这种净化其实也不能根除污染物，当转移到胶体上的污染物发生一些物理化学反应时也有可能重新回到土壤中，所以这种净化效果是极不稳定的。

第三节　土壤的分类与分布规律

一、土壤的分类

（一）按土壤质地划分

1. 砂质土

砂质土含沙量多，颗粒粗糙，渗水速度快，保水性能差，通气性能好。

2. 黏土

黏土含沙量少，颗粒细腻，渗水速度慢，保水性能好，通气性能差。

3. 壤土

壤土含沙量一般，颗粒粗细一般，渗水速度一般，保水性能一般，通风性能一般。

（二）按照土壤颜色划分

1. 红壤

（1）砖红壤

砖红壤黏粒的二氧化硅／氧化铝比值（以下同）在 1.5 以下，它的黏土矿物中三水铝矿、高岭石和赤铁矿含量很高，阳离子交换活性不高，盐基不饱和度很高，它的风化程度也很高。

（2）燥红壤

燥红壤主要分布在热带地区、气候比较干热的地方，这种土壤由于是在稀树草原下形成的，因此富铝化程度较低，成土体或具石灰性反应。

（3）赤红壤

赤红壤是红壤和砖红壤的过渡性质的土壤，主要分布在南亚热带常绿阔叶林地区。

2. 棕壤

（1）棕壤

棕壤主要分布在暖温带或者一些山体的垂直地带，棕壤大多分布在腐殖质层以下的棕色的淀积黏化层，二氧化硅／氧化铝比值约为 3.0，主要由水云母和蛭石组成，同时也含有少量的高岭石和蒙脱石，盐基基本饱和，风化度不高。

（2）黄棕壤

黄棕壤分布在亚热带落叶阔叶林和常绿阔叶林杂生的地带，这种土壤属于酸性土壤，黏性高，富铝化弱，兼有黄、红、棕壤的一些特征。

（3）漂灰土

漂灰土分布在北温带针叶林地区，由于气候和植被的影响，这种土壤的亚表层具有弱灰化和离铁脱色的特征，具有强酸性，常常会出现漂白层，盐基不饱和度很高，是生草灰化土和暗棕壤的过渡性土壤，因此之前又被称为棕色泰加林土和灰化土。

（4）暗棕壤

暗棕壤主要分布在温带针阔混交林或针叶林地区，和棕壤相比较，腐殖质累积作用更加明显，淋溶淀积过程更强烈，是属于棕壤和漂灰土中间的土壤，暗棕壤的黏化层呈暗棕色，会伴有暗色的腐殖质斑点和二氧化硅粉末，这种土壤也称为棕色森林土。

3.褐土

（1）褐土

褐土主要分布在中国暖温带东部半湿润、半干旱地区，这种土壤由于形成在夏绿林下，因此风化度低，腐殖质层以下具有褐色黏化层，二氧化硅/氧化铝比值为3.0~3.5，主要由水云母和蛭石等构成，黏化层之下分布石灰，并且呈假菌丝形状。受到长期土类堆积覆盖和耕作的影响，这种土壤的剖面上部会有一层熟化层，厚度可达30~50厘米，褐土也叫褐色森林土。

（2）黑垆土

黑垆土主要分布在我国黄土高原地带，为山西、宁夏、甘肃的三省交界地带，这种土壤最早是在半干旱草原植被下形成的，之后经过多年的耕种熟化才形成现在的黑垆土，具有深厚的淡黑色垆土层。

（3）灰褐土

灰褐土主要分布在干旱和半干旱地区及部分山地森林地带，它的黏化层主要呈暗棕色或浅褐色，这种土壤又分为淋溶灰褐土、灰褐土和碳酸盐灰褐土，灰褐土还可以叫灰褐色森林土。

（4）褐土的利用

褐土除了主要用于林地种植，也可以种植多种经济作物，这种土壤主要是旱作地，需要开展水土保持，合理施肥，因土种植，适当发展畜牧业与林果业。

4. 黑土

（1）灰黑土

灰黑土主要分布在湿润的地区，我国主要分布在大兴安岭。其中，由于西坡主要为森林，草灌植物茂盛，因此土壤中的有机质丰富，具有较强的淋溶作用，同时这种土壤的黏粒移动淀积现象较多。灰黑土也可以称为灰色森林土。

（2）黑土

黑土在我国主要分布在东北地区，因为这种土壤的水分含量高，有机质含量也高，具有丰富的矿物质营养，适合耕地种植，植被主要为草原化草甸，有"五花草塘"之称，土壤的腐殖质层有 30~70 厘米厚，底土具有轻度潜育性。

（3）白浆土

白浆土多分布在我国的东北地区，其中东部的盆地和谷地是主要形成地，由于这些地区气候湿润，因此多生长喜湿的浅根植物，这种土壤相对于黑土有机质分解程度差，累积量少，其中白浆土表层有机质含量只有 8 %~10 %，整体具有泥炭化的特征，白浆层下主要为重壤土和黏土，这种白浆土难以保存铁元素，且质地较轻，由水云母构成矿物的主要成分，也包含一些高岭石和蒙脱石。

（4）黑钙土

黑钙土主要分布在半干旱地区，多形成草原，或者生长草甸草原植物，这种土壤相对于黑土有机质含量少，但分解强度大，腐殖质层有 30~40 厘米的厚度。黑钙土有石灰层，由于长期的钙化，会在 60~90 厘米处形成粉末状或假菌状的钙积层。

5. 栗钙土

栗钙土分为棕钙土和灰钙土。

（1）棕钙土

棕钙土大多分布在温带荒漠草原带，受气候影响，棕钙土的含水量不高，腐殖质累积过程较弱，但是石灰的聚积过程较强，形成的钙积层在土壤剖面中比较高。棕钙土在我国主要分布在内蒙古高原的中西部、鄂尔多斯高原的西部和准噶尔盆地的北部。

（2）灰钙土

灰钙土在我国主要分布在黄土高原地区和新疆的部分地区，黄土高原的西北部、河西走廊的东段和伊犁河谷分布的比较集中。灰钙土土壤分层较少，且层次不清晰，腐殖质层多为浅黄棕带灰色，有机质表层的含量不高，只有 0.5 %~3.0 %，但是有机质的下延有 50~70 厘米深，灰钙土的形成多与黄土母质有一定关系。

（3）利用

栗钙土在我国主要用于牧业发展，但是也可以适当地发展旱作农业，要有计划地建设人工草地，提高植被覆盖率，防止沙化，合理利用土地资源，因地制宜地进行发展。

6. 漠土

（1）灰漠土

灰漠土在我国多分布在内蒙古河套平原、宁夏银川平原的西北角及新疆准噶尔盆地区，主要是在温带荒漠边缘，主要形成于细土物质上，由水云母组成黏土矿物。新疆的灰漠土有机质含量在 1.0 % 左右，水分含量在漠土中相对较高。由于气候原因，这个地区的土壤腐殖质层很少，而石灰的含量很高，最高甚至可达 30 %，主要分布在地表 20~30 厘米以下，盐分多为以氯化物为主或硫酸盐为主的混合类型，石膏含量不同，且会形成白色小结晶或者晶簇状。

（2）灰棕漠土

灰棕漠土在我国主要分布在准噶尔盆地和河西走廊地带，由于受到温带荒漠气候的影响，腐殖质的累积十分微弱，基本上相当于没有腐殖质层，有机质含量也很低，不到 0.5 %，甚至地表深处含量也很低，C/N 比值为 4~7，但是石灰的含量反而是最高的，形成的石膏含量可达 30 %。

（3）棕漠土

棕漠土多集中在河西走廊的西半段、新疆东部等地，其他地区也有部分分布，棕漠土的周边环境多是石质漠境或戈壁，十分干旱，因此形成了氯化物的盐层，是一种罕见的现象。

（4）龟裂土

龟裂土主要分布在我国西北的干旱地区，由于气候干旱，即使有雨水也难以形成土壤，但因为受水流的影响，所以会形成网状的裂纹，土地被裂纹切割成不规则的裂片，并且多呈灰白色。

7. 潮土

（1）潮土

潮土在我国分布较广，多是河流沉积物受到地下水运动的影响，冲击而成，潮土也叫冲积土或者草甸土。由于受河流冲击影响，因此剖面的沉积层次明显，土壤的地下水位比较浅，会出现锈纹斑及碳酸盐的聚集和分异，有的甚至出现沼泽化和盐渍化。

潮土有机含量低，仅为 0.6 %~1 %，含盐量也低于 0.1 %，pH 为 7.5~8.5，呈碱性。

潮土的矿物质含量丰富，但是有机质氮素等含量低，需要改良后才能促进农作物生长。

（2）灌淤土

灌淤土是因为有十分深厚的灌淤层而命名，灌淤层可以达到1米。这种灌淤层是因为长期使用含有大量泥沙的水进行灌溉，在泥土和肥料的作用下形成的。灌淤土在不同地区理化性质不同，西辽河平原的有机质含量较高，盐分含量低，没有石膏的形成，但是在河套地区其盐分含量就比较高，有机质比较少。

灌淤土在我国主要分布在半干旱地区的平原，形成的耕地一年一熟，多为小麦、玉米等作物。土地利用要注意次生盐化，灌排结合。

（3）绿洲土

绿洲土在我国主要分布在新疆地区或者河西走廊有绿洲分布的地区，是当地主要的农耕土壤。绿洲土上有一层灌溉淤积层，这层淤积层的厚度在不同的地区厚度不相同，有的地区厚度达到1米，有的地区不超过1米。该淤积层的有机质含量也不相同，上层含量在1%~2%，下面含量为0.5%~0.7%。淤积层含有丰富的磷、钾和碳酸钙，但同时也要注意它容易发生次生盐的问题。

绿洲土的利用要注意灌排结合，同时也要注意营造防护林来保土蓄水，轮作倒茬，多种牧草来提高肥力。

8.草甸沼泽土

（1）草甸土

草甸土主要分布在平原地区，我国多分布在东北、内蒙古和新疆地区。草甸土的地下水丰富，植被茂盛，因此腐殖质含量较高，有机质在有的地区例如东北其厚度可以达到1米。在草甸土的底部分散有二氧化硅粉末，有的伴有锈色斑纹和铁锰结核。在新疆地区草甸土的有机质层没有东北地区厚，有的只能达到25厘米，并伴有石灰结核和盐分的积累。草甸土有机质的含量为3%~6%，甚至可以达到10%，有的土层深处有机质量也能达到1%。该类土壤碳酸钙含量在新疆和内蒙古等地可以达到10%。

草甸土由于肥力较高，水分含量也高，所以多用来垦殖，或者是重要的牧场基地，要合理安排农牧关系。

（2）沼泽土

沼泽土主要分布在我国东北地区的三江平原和川西北的高原地区，这些地区雨水充沛，河流众多，造成的积水和湿润的土层形成了沼泽土。这些地区的沼泽土因长期处于还原状态，会产生潜育过程，所以形成了蓝灰色潜育层。由于沼泽土水分含量丰富，因此土地的结持力不高，而且会形成锈斑或灰斑及铁锰结核。沼泽土中有机质含量很高，最高可达到 25 %，在泥炭层甚至可以达到 40 %，但是由于有机质分解得不充分，目前尚不能充分利用。

9. 水稻土

水稻土的形成是人为造成的，由于长期在这层土地上耕作，因此形成了水稻土。形成的原理是在季节性灌溉、耕作、施肥的影响下，土壤进行了氧化还原、有机质的合成与分解、盐基淋溶等过程使得土壤的成分和特征产生改变，剖面发生分异最终形成水稻土。

水稻土的剖面结构十分复杂，分为耕作层、犁底层、渗育层、淀积层、淀积潜育层及潜育层。耕作层在进行季节性灌溉的时候水分处于饱和状态，为半流泥糊或者泥浆。水田的水排干之后，土壤会形成大块状，伴有锈斑和植物残体。渗育层由于水分的渗透作用，铁质无法保留，因此这层土壤看起来颜色较淡。积淀层多伴有锈纹、锈斑和铁锰结核，土体多呈棱块状。淀积潜育层的颜色多为灰蓝色，伴有锈斑，这是因为这层处在地下水的变动区。水稻土根据发育的完整性可以分为淹育、潴育及潜育三种类型。这种土壤多分布在我国的秦岭至淮河一线以南的地区，其利用要做好水旱轮作与合理灌排，搞好农田基本建设。

10. 盐碱土

（1）盐土

气候干旱、蒸发作用较强，且所处的地势较低，地下水含有大量盐分并且含水层接近地表，土壤经过物理蒸发和各种作用从而形成盐土。由于土壤中的水分含有大量的盐分，因此土壤的表层会出现斑块状的白色盐霜。这种盐土的含盐量十分高，有的结成的盐块厚度过高可以形成盐结皮和盐结壳，有的甚至可以形成盐结盘层。在这之下主要为盐与土的混合层，多为 30~50 厘米的厚度。盐分的分布从地表到地下呈递减状态，但是在盐分很高的沿海地区，土层基本上含盐量也较高。

盐土在不同的地区成分并不相同，盐土分为氯化物盐土、硫酸盐盐土和氯化物与硫酸盐混合盐土及苏打盐土。氯化物盐土多分布在滨海地区；硫酸盐盐土多分布在新疆北部、甘肃河西走廊、宁夏银川平原和内蒙古地区；这两者的混合盐土分布更广，河北、内蒙古、宁夏等地都有集中分布；苏打盐土多分布在东北的松嫩平原和山西大同等地，这种盐土碱性强，不利于植物根部的生长，因此植被较少。

盐土的改良应该注意平整土地、排水、灌溉、种稻等多种方法的利用，将土壤中的盐分降到最低，因地制宜，合理使用。

（2）碱土

碱土的 pH 高达 9.0 或更高，多分布在我国的华北、东北和西北地区，且碱土的发育在不同地区有不同原因。松辽平原的土壤在脱盐过程中，吸收了钠离子，经过反应形成碱土。而华北平原的碱土则是由于在脱盐过程中产生了碱壳。松辽平原形成的碱土钠含量和碱化度较高，华北平原的碱土由于是初期形成的，钠含量和碱化度都较低。碱土的有机和无机物都很分散，同时由于胶粒和腐殖质受到水的渗透下移，因此留在地表的土质地较轻，但是碱化层比较重，成柱状形态，如果遇到水的渗透，则会膨胀泥泞，变干后收缩结块，因此透气性差，不利于耕作。碱度过高会影响植物根部发育，交换性钠含量过高也会产生危害。

11. 岩性土

（1）紫色土

紫色土多分布在亚热带地区，由于这种土壤是在紫红色岩层上发育形成的，呈紫色或者紫红色，因此称为紫色土。紫色土的有机质含量很低，只有 1% 左右，发育迟缓，脱硅富铝化尚未形成，土壤呈中性或者碱性，土壤中石灰的含量不能确定，多随着母质的变化而变化。紫色土富含丰富的矿物成分，是四川盆地重要的耕作土地。在紫色土的利用中，需要注意防范水土流失，多增加有机肥料，轮作合理。

（2）石灰土

石灰（岩）土主要发育在石灰岩上，因此只要有石灰岩的地区就会有石灰（岩）土的发育形成，在我国主要分布在云贵地区。著名的喀斯特地貌上多形成初期的石灰（岩）土，由于石灰（岩）土含有丰富的碳酸钙，钙含量很高，因此只适合喜钙植物的生长，如蕨类、五节芒等。石灰土的腐殖质是由这类植物的有机质形成的。石灰土分为黑色石灰土、棕色石灰土和红色石灰土。

①黑色石灰土。颜色比较暗黑，土质呈中性偏碱性，有机质含量高，形状为团粒结构。

②红色石灰土。呈红色，pH 根据深度而有不同，表面为 6.5，土心在 7.0 以上。

③棕色石灰土。呈棕色，不同的质地石灰反应不同，多分布在山麓坡地。

磷质石灰土也可称为鸟粪土，这种生土壤在形成期间有大量的鸟类栖息在这个地区，鸟类的粪便在土表堆积，从而经过反应形成。磷质石灰土多分布在我国的南海地区，地处热带，由珊瑚礁构成，因此是由珊瑚灰岩或珊瑚、贝壳为基础发育形成的。这种土壤磷质丰富，有机质含量能达到12%，磷的含量可以达到26%，是天然的磷肥资源。

（3）黄绵土

黄绵土大多分布在黄土高原，且水土流失十分严重的地区，是一种黄土性质的土壤。土质均匀，但是由于气候原因水分含量不高，疏松多孔，有机质含量低，矿物质却十分丰富，适合耕作。

（4）风沙土

风沙土多分布在干旱、半干旱或者极端干旱的地区，这些地区由于气候影响，风力很大，因此地表常常受到风力侵蚀，因此不易形成土壤，土壤的性状也十分不易改变。随着土壤的形成，土壤由最初的流动风沙到固定风沙土，土壤中的有机质含量是逐渐增加的。基于这项特征，如果要利用风沙土，就要保证足够的水分和肥分，进行植被的覆盖，逐渐就能形成可使用土壤。

12. 高山土

高山土分布在高山垂直带最上部，森林郁闭线以上的土壤，高山的海拔需要达到青藏高原的高度。由于这种土壤所在的位置气温很低，会形成冻土，冻土会随着季节和日照的变化交替溶解和冻结，因此腐殖质化不高，矿物质分解微弱，土层较浅，所以这种土壤不生长森林。高山土壤可以分为黑毡土（亚高山草甸土）、草毡土（高山草甸土）、巴嘎土（亚高山草原土）、莎嘎土（高山草原土）、高山漠土和高山寒漠土。

（1）黑毡土

黑毡土腐殖质化较高，盐基不饱和，pH为5~8，适合牧草的生长，主要分布在青藏高原地区，多用于牧场，也适合小麦等作物的生长。

（2）草毡土

草毡土多分布在高山较为平缓的地带，含水量高，适合牧草的生长。这种土壤的表面草皮能够达到3~10厘米的厚度，根系相互交织，有弹性和韧性，由于气温的变化土壤出现冻融交替的现象，最终形成鳞片状。这种土壤腐殖质较厚，可以达到9~20厘米，多呈浅灰棕或暗灰色，在夏季可以作为牧场使用。

（3）巴嘎土

巴嘎土主要分布在喜马拉雅山脉地区，有机质含量很高，在这种土壤的深处有碳酸钙的积累，虽然植被稀疏，但也可作牧场使用。

（4）莎嘎土

莎嘎土也可称作高山草原土，水分含量低，腐殖质累积的过程逐渐减弱，钙含量高，多含有砾石，牧草覆盖率低且不连续成片，有机质含量一般，但是碳酸钙含量较高，最高能够达到 10％，容易受到风沙的侵蚀，只适合作牧地。

（5）高山漠土

高山漠土有机质含量很低，碳酸钙含量较高，因此地表会出现盐霜，甚至会结皮，这种土壤空隙较多，土质疏松，多含有砾石，可以见到石膏的新生体。

二、土壤分布规律

土壤的形成原因是复杂的，因素很多。不同的成土条件会形成不同类型的土壤，每种土壤都有自己特定的成土条件，同时也和所处的位置有很大关系，这种位置关系也呈现出一种规律性。

（一）土壤的地带性分布规律

所谓地带性规律就是指土壤与大气、生物等相适应的分布规律，也称显域性规律。由于气候、生物等成土因素具有三维空间的立体变化，因此形成的土壤也显示出三维的空间分布规律。

1. 土壤纬度地带性分布规律

地球上的土壤种类分布会按照不同的纬度方向延伸，所造成的土壤地带分布呈现一定的规律。如图 1-3-1 所示，这是亚欧大陆土壤水平分布图，不同的纬线分布不同的土壤地带，整体是按照纬线的方向递变：冰溶土和灰化土横贯整个大陆维度；中低纬度的土壤带虽然有的纬度相同，但是由于地处不同的海岸方向，东西海岸的土壤类型并不相同，并且由于亚欧大陆中隆起一块西藏高原，高海拔使得两侧的土壤带断裂，形成不同的类型；因为西海岸受到离岸风的影响，气候干燥少雨，因此形成了荒漠土壤，其他地区则分布为森林土壤带；大陆的中部带由于远离海洋，降水量少，气候干旱，因此形成了草原土壤带，又因为距海的远近，在中部草原土壤带按纬线延伸，而两侧的地带按照经线延伸，形成以大陆内隆起为中心的半环状。

我国位于亚欧大陆的东部，在亚欧大陆土壤分布规律的模式中其东半部实际上是我国土壤分布规律的概括。我国东部邻近太平洋，由于受东南季风影响，多雨湿润，故发育的土壤均为森林土壤类型。土壤分异主要受气温控制，因而从南到北分布了与纬线平行，按纬度递变的砖红壤、砖红壤性红壤、红壤和黄壤、黄棕壤、棕壤、暗棕壤、棕色针叶林土等土壤带。由于我国主要地处中、低纬地带，冰沼土仅在高山上部有零星分布，未形成带状。

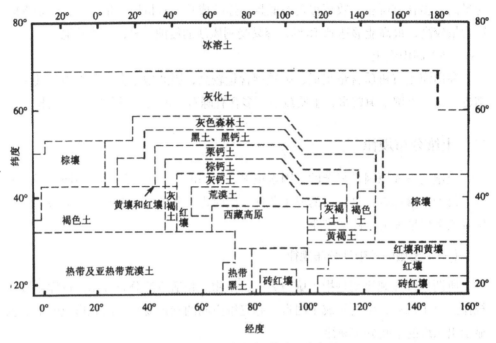

图 1-3-1　亚欧大陆土壤水平分布图

2. 土壤经度地带性分布规律

土壤在分布上除了按照纬度延伸，还会按照经度进行分布，土壤的经度分布规律和海洋的远近有关系，距离海洋近的地方气候比较湿润，距离海洋远的地方气候则比较干燥。如图 1-3-1 所示，由于亚欧大陆的东西两端离海洋近，因此这种土壤带按照经度分布规律十分明显。我国温带土壤，包括亚欧大陆草原土壤带的东端及其西侧的森林土壤和荒漠土壤，其分布随着与海洋的距离增大，湿度逐渐减小，干燥度逐渐增大，自东而西，从棕壤、暗棕壤或棕色针叶林土向黑土或灰色森林土、黑钙土、栗钙土、棕钙土、灰钙土、荒漠土等土壤带变化，表现出土壤带类型多样且较完整的经度地带性分布规律。

3. 土壤的垂直分布规律

土壤根据地形海拔的升高或者降低，呈现出一种有规律的变化，这种变化被称之为垂直分布规律。并且土壤的这种变化，与相应的气候、生物的变化存在紧密的关系。山地较多是我国地理最明显的特点，山体的大小、海拔，以及山体所处的地理位置、山体的坡向及坡度，都是土壤发育和分异的重要影响因素。因此，土壤的垂直分布具有多样化特点，是十分繁杂的。但是，大多山地土壤垂直分布地带，是从这个山体所处位置的土壤带开始的，随着山体高度的渐增，慢慢产生一些与所在地区向高纬度或向沿海地区水平分布相对应的土壤类型，体现出显而易见的规律性。

（二）土壤的地区性分布规律

生物、气候等因素在很大程度上左右着土壤的分布，除此之外地形、水文地质条件、成土母质及人为改造地形等因素，对土壤的分布也产生了十分重要的影响。而由这些因素所产生的土壤分布的变化，一般称之为地区性规律。考虑到地域面积大小不同，也可以更细致地分为中域、微域。

1. 土壤分布的中域规律

土壤分布的中域性规律，主要被地形所支配。在高原与低山丘陵地区，水系呈现出一个十分明显的特点，那就是像树枝一样延伸出去，从丘陵的最上端开始到山谷的底部，顺着水系构成类同的土壤组合，形象来说也就是枝形组合。水系形成这种特点的原因，在于这些地区沟谷的发育。我们所讨论的枝形组合，是由相应的地带性土壤、水成与半水成土壤构成的，而且，由于所在地带不同，因此具体的土壤组合元素也是不同的。比如，在我国的黄土高原地区，干谷的延伸形态跟树枝的形状十分相似，从高原面伸到沟底，能够依次出现轻质黑垆土、黑垆土与黄绵土。根据形状的特点，盆形土壤组合也可以称之为同心圆状土壤组合。因为地形的特征是四周向里面凹陷，所以水分的状况也随着地形的变化而变化，主要表现为：以湖泊为中心，向外面延伸，依次出现沼泽土、草甸土与地带性土壤构成盆形土壤组合。

2. 土壤分布的微域规律

这种土壤组合规律，一般在土壤复区呈现，在地表是不容易看出来的。当然也有人为活动所形成的复区，如湖荡区的"垛田"、山坡的梯田等。而造成这种土壤分布规律的原因，就是小地形或母质的沉积特点。

第四节　土壤环境问题及面临的挑战

一、土壤污染和土壤质量

（一）土壤污染

近些年来，科技快速发展，社会生产力大大提升，在此背景下，工业化和城镇化进程加快，这在提升人们生活水平的同时，也给环境造成不小的压力。就土壤来说，矿业开采冶炼、工业生产及农业种植等过程中，都会将一些污染物排放到其中，从而对土壤造成污染和破坏。比如，开发和利用矿产资源，会致使大量的固体废物堆积在土壤的表面；城市生活污水的排放，农业种植中化肥和农药的使用，也会导致有害污染物侵入土壤，造成土壤污染；另外，在社会发展进程中，工业生产必不可少，在这一过程中排出的废水、废气，都会造成环境的恶化，并且，空气中的悬浮颗粒物，以及有害气体，都会随着降雨浸入土壤，从而造成土壤污染。各种污染物以不同的媒介和渠道，汇聚在土壤中，当土壤中的有害物达到临界值时，土壤本身的自净能力不堪重负，就会在很大程度上致使土壤功能和结构的变化。此外，污染物的增加还会使土壤中生存的微生物失去活性，最终使土壤污染更加恶化。

土壤中汇集的各种污染物，给土壤质量带来了十分严重的负面影响，甚至影响了周边的水和空气，给其造成污染。众所周知，土壤是大部分生物赖以生存的基础，就如人类和动物，需要从土壤中生长的粮食、蔬菜中获取营养。但是，在植物生长过程中，是由土壤供给各种养分的，一旦土壤遭到严重污染，必定会对其中生长的植物造成污染，从而间接影响人类和动物的生命健康。如果土壤中的有害物质超出了一定量，并且生物可利用态含量过高，就会大大降低农作物的产量，并且还会降低农产品的质量，这种影响最终会波及人类，引发人的多种疾病。无机污染和有机污染是两个常见的土壤污染类型，其中无机污染物包括酸性污染物、碱性污染物、重金属及放射性元素，而有机污染物包括洗涤剂、氰化物、酚类和有机农药等。

（二）土壤重金属

所谓的重金属，就是指相对原子质量在 55 以上的，并且密度超过 4.5 g/cm³ 的金属元素。这类金属元素常见的有铜、金、铁、镉、汞、银和铅等。土壤中存在很多微生物，它们可以分解一些进入土壤中的物质，从而释放出一些营养元素，供植物利用，并且能够改善土壤的质量。但是，土壤中的生物却不能够降解重金属元素，重金属元素被植物吸收，人和动物又以植物为食，所以以生物链为媒介，重金属会在人的身体里聚集。某些重金属进入人体后，会导致人体内的一些蛋白质和酶失去活性，影响人的身体健康。并且，重金属元素也会在人的某个器官内聚集，导致人体发生重金属中毒。

2014 年，我国生态环境部和自然资源部发布《全国土壤污染状况调查公报》，结果显示，我国土壤污染物总超标率已经超过 16%，其中工矿业废弃地土壤点位超标约为 36%，农用地土壤污染物超标约为 19%。从总体来看，我国土壤污染情况十分严重。我国土壤污染的主要类型是无机污染，主要的无机污染物包含各种重金属元素。总而言之，土壤中最常见的污染物质就是重金属，这种情况在我国尤其明显。

土壤重金属污染有几个十分重要的特征，那就是滞后性、不可逆转性、累积性，这些特征进而导致了土壤重金属污染具有难治理的特点。我们必须重点关注重金属污染，因为重金属不仅影响到土壤的质量，还会通过各种途径直接危害人体的健康。比如，土壤中存在的一些重金属元素以水溶态和可交换态存在，那么它们在风化淋溶的过程中，就会侵入地表水及地下水，这就对水体的质量造成影响，导致水体的重金属污染。并且，土壤的一些重金属元素以离子形态存在，其原子半径和化学性质，跟植物生长所需要吸收的元素十分相像，所以植物的根在吸收土壤中的营养时，会一同将重金属元素吸收进来，而植物是人类的主要食物，所以通过食物链，重金属元素被转移到人体，在人体内聚集。

一个健康的人要是长时间生活在重金属含量超标的环境中，那么重金属元素会以各种形态、通过各种途径进入人体，危害人体器官的机能，对人的生命安全造成威胁。比如，湖南攸县地区土壤重金属污染，导致该地区生长的水稻中含有大量的镉元素，人如果长时间食用这种大米，会给健康造成极大隐患。

二、土壤环境问题及污染现状

一般在发生大气污染和水污染问题之后，会发生较为严重的土壤问题，这是因为土壤是各种污染物的聚集地，地球上的大部分污染物最终会进入并滞留在土壤之中，这就致使我国的土壤环境问题呈现出"集中式""复合式""爆发式"的特点。所谓隐蔽性，就是不容易被察觉和发现，其特征并不明显，这是土壤污染的主要特点之一。相比于空气污染和水体污染，土壤的污染更加隐蔽，不容易给人以直观视觉上的影响。区域性也是土壤污染的主要特点，也就是说土壤污染一般是汇集在某个范围以内。除此之外，土壤污染还具有不可逆性、累积性和难恢复性，在一般情况下，土壤并不能像水体一样，具有一定的自我净化的能力。而且，重金属、持久性有机污染物等如果进入土壤，就会不停地累积。所以，三十多年来，"六六六"和"滴滴涕"这两种化学农药一直被禁用，但是在今天，这两种化学农药在土壤中依旧有较高的检出率。

我国土壤污染的类型比较复杂，从土地利用类型看，农用地和建设用地污染问题同时存在；从污染物数量这个角度来说，大部分土壤污染是多种污染物的复合作用；从污染途径这个角度来说，废气排放及大气扩散、废水排放及河流扩散、固体废物随意扩散等同时存在；从环境介质来说，土壤污染一般与地下水、地表水、大气等污染同时出现。工矿企业排放污染物是导致局域性土壤污染严重的主要因素；农业生产活动是导致大范围农用地土壤污染的主要因素；此外，水、气、固、废与自然背景叠加，导致了一些区域性、流域性、突发性土壤污染。

从污染分布这个角度来说，北方土壤的污染不及南方；土壤污染问题比较严重的有长江三角洲、珠江三角洲等，土壤重金属超标范围比较大的有西南、中南地区；从西北到东南、从东北到西南，镉、汞、砷、铅4种无机污染物含量缓慢增高。镉的点位超标率是7.0%，汞的点位超标率是1.6%，砷的点位超标率是2.7%，铜的点位超标率是2.1%，铅的点位超标率是1.5%，铬的点位超标率是1.1%，锌的点位超标率是0.9%，镍的点位超标率是4.8%。前面所说是无机污染物的点位超标率，接下来介绍三种有机污染物点位超标率。化学农药"六六六"的点位超标率是0.5%，化学农药"滴滴涕"的点位超标率是1.9%，多环芳烃的点位超标率1.4%。从总体来看，我国土壤环境较差，有一些地区的土壤污染问题十分严重，农用土壤质量逐年下降，因为农业是我国的支柱产业，所以农用土壤环境问题存在很大的隐患。另外，土壤环境问题比较严重的还有城市和城郊地区、重污染企业或工业密集区、工矿开采区及周边地区。

现阶段，由于我国多年累积的土壤环境问题已经开始慢慢显现，突出的特征有无机、有机复合污染，以及新、老污染物共存。特别是局部地区，中度和重度土壤污染已经出现，这一问题直接导致了农产品的质量问题，进而威胁着人类的身体健康。所以，土壤环境问题必须引起我们的重视。

三、土壤环境质量的重要性及面临的挑战

土壤是农业生产最基本的生产资料。优质的土壤环境对动植物和人类健康具有促进作用，并且对保护生物多样性、维护生态系统的功能具有重要作用。在现阶段，水安全、能源安全、气候变化、粮食安全、生物多样性及生态系统服务是全球面临的六大土壤安全问题。

土壤满足人类生存各种需求，可以说土壤的健康程度直接影响人的生活质量。

接下来，我们从以下几个方面探讨土壤安全问题对人类生存环境的影响。

（1）对农作物的质量造成影响。众所周知，人类依赖土壤而生存，土壤主要满足人对物质的需求。但是，土壤污染问题的日益严重，会导致农作物产量降低，更重要的是，农作物在成长的过程中，会吸收土壤中的污染物，这给农产品的质量安全造成极大隐患，进而直接影响人的身体健康。比如，在湖北省大冶地区，多年以来一直有有色金属冶炼的污染物排放问题，这导致当地土壤镉元素严重超标，并且通过相关科学实验，发现该地区种植的稻谷和蔬菜中都有大量的镉元素，人要是食用这类农产品，会对肝和肾造成极大的损害。

（2）对人民群众的身体健康造成极大威胁。前面已经提到，土壤问题与人类的健康问题息息相关，这是因为人们必须依靠农作物来生存。土壤环境污染问题使得农作物产生各种质量安全问题，如某些无机物含量超标等。如果人们经常食用这些被污染的农产品，则会对身体的各部分器官造成损害。土壤问题除通过农产品来影响人的健康之外，还可能通过人的呼吸、皮肤接触等途径来影响人的健康。比较典型的例子就是，长期对矿产资源进行不合理的开采，导致广东省翁源县大宝山周边农田受到严重污染，位于下游的上坝村村民重病频发。

（3）给生态环境的安全带来隐患。植物、动物和微生物都依赖土壤生存，所以土壤污染影响它们的繁衍，进而导致土壤生态过程和生态系统服务功能受到负面影响。另外，在某种条件下，土壤中的污染物可能发生迁移，进而进入水系和大气环境，降低了周边环境介质的质量。

第二章　土壤重金属污染的危害

本章立足于土壤重金属污染的危害，主要介绍了土壤中铅、镉、砷、汞、铬、铜、锌等重金属的理化性质、分布及对人畜、植物、土壤微生物的危害，明确了土壤重金属污染与人们的生活息息相关。

第一节　铅

一、铅的理化性质

铅（Pb）通常以痕量存在，属亲硫元素，也具有亲氧性。在自然界中，如果铅以共价化合物存在，它的化合价为四价；如果以其他无机化合物形式存在，它的化合价一般是二价。如果铅蒸气与空气相遇，则会很快被氧化，反应成氧化铅。

在地壳中，铅的平均丰度为 12.5 mg/kg，土壤中铅的平均背景值为 15~20 mg/kg，铅发生移动的主要原因就是岩石和矿物的风化，以及火山喷发。铅在污染环境介质后，会通过各种渠道进入农产品中，所以动植物体内的铅有 90% 是来自农产品。

二、土壤中铅的分布

铅属于积累性土壤污染物，所谓积累性污染物，就是说这种污染物不容易被扩散或者稀释，在土壤中会不断累积。进入土壤中的铅，其大部分被吸附，也有一些铅跟有机 - 无机化合物形成复合物。在土壤中，铅并没有较好的迁移能力，这是因为铅化合物很难被溶解或者降解。在没有外源污染的土壤环境中，铅在不同发生层间所发生的含量的变化，实际上并不是特别明显，仅仅在有机质或黏粒含量较高的土层中铅的含量较多。至于外源铅，一般停滞并汇聚在土壤表层的耕层中，但是由于人类耕作土地、种植农作物，再加上水流的下渗，使耕作层的铅含量大大增加。污染方式的不同导致了铅在污染土壤表层的水平分布的差异，比如在公路的两旁，因为长期受到汽车尾气的污染，所以沿着公路两侧向内，铅的含量逐渐递减。在污水灌溉区域则相反，在入水口处，土壤中的铅含量是最高的，随着水流的方向，土壤中铅的含量则慢慢减少。

三、铅的危害

（一）铅对人畜健康的危害

铅是一种有毒元素，并且不断向环境和生物转移，这主要是岩石风化，以及人类生产活动的影响。铅有蓄积作用，它进入人或牲畜的身体后，一般分布于肝、肾、脾、胆、脑等重要器官中，其中铅浓度最高的就是肝和肾。接着，铅就会从以上组织或器官向骨骼转移，以不溶性磷酸铅形式沉积下来，所以人体的铅有90%都存在于骨骼中，肝、脾等器官中，仅存在少量的铅。

进入人体内后，铅可以跟人体的一些蛋白质、酶、氨基酸等相结合，这种结合对机体的生理功能造成严重干扰，使其不能正常工作。另外，铅还可能引起神经末梢炎，导致运动和感觉异常，常见症状为肌肉麻痹。从大脑损害这个角度来说，铅对幼儿的影响远远比对成年人的影响要严重，环境中的铅对儿童智力发育的影响是不容忽视的。

除了上面介绍的，铅还可以影响人体的生殖功能。从男性生殖功能来说，铅会对其生殖细胞造成损害，进而导致精子异常，还会导致睾丸及其组织的病理学改变，影响生精功能。从女性生殖功能的角度来说，铅有着更加严重的负面作用，它影响女性性腺发育、月经、胚胎发育、分娩、哺乳，并且铅还可以以母体胎盘为介质，进入胎儿身体，主要是进入胎儿的脑组织，对胎儿健康不利。此外，铅也会对泌尿系统造成干扰，其主要原理就是，铅对肾小管上皮细胞线粒体的功能有抑制作用，拟制ATP酶等的活性，进而损害了肾小管功能。

（二）铅对土壤微生物的危害

微生物是我们无法用眼睛观察到的，一直以来我们忽视了它的作用。实际上，微生物对其他生物的生存具有很大的影响，以我们当前讨论的土壤为例，微生物在很大程度上影响着土壤肥力和植物生长。微生物影响着土壤中的腐殖质形成，并且还可以通过某种机制，将土壤中的有机质矿化，将其中的无机养分释放出来，提升土壤的质量。此外，微生物在生命活动过程中，所产生的分泌物、维生素类物质，都会给土壤的生态环境带来不可忽视的影响。而铅可以通过影响微生物来影响土壤环境。比如，在可溶性铅的影响下，土壤微生物生物量和酶活性会下降。可溶性铅有扩散性，加入的氯化铅可以被扩散、吸附成其他化合物，这使得铅的毒性更强，导致微生物将土壤中的有机物转化为无机物的过程受影响，阻碍了植物吸收营养物质。从影响程度来说，铅对沙质腐殖土中的微生物和酶活性影响较大，对黏质腐殖土中的微生物和酶活性影响较小，其主要原因是微生物的活动、土壤的黏度等因素弱化了铅的吸收能力。铅能够导致微生物生物量减少，进而影响酶活性，并且铅还可以降低微生物细胞产生酶的能力。所以，对微生物生物量的测量，以及对酶活性的检测，可以衡量重金属破坏土壤生态的程度。

第二节　镉

一、镉的理化性质

金属镉（Cd）可溶于酸，不溶于碱，在潮湿的空气环境中，它会慢慢氧化，进而不再有金属的光泽。在给镉加热时，它的表面会产生棕色的氧化物层，如果给它加热到沸点之上，会产生氧化镉（CdO）烟雾。在氧化态，镉的化合价一般是 +1 价、+2 价。在高温条件下，镉会跟卤素发生激烈反应，产生卤化镉。此外，它也可以与硫直接化合生成硫化镉（CdS）。镉可形成多种配离子，如 $[Cd(NH_3)_4]^{2+}$、$[Cd(CN)_4]^{2-}$、$CdCl$ 等。在自然界中，镉经常和锌、铅共生，地壳中镉丰度为 0.20mg/kg。

二、土壤中镉的分布

镉在通过某种途径进入土壤之后，在一般情况下，它不会发生向下迁移，所以，镉主要累积在土壤的表层。在土壤溶液中，镉通常以多种形态存在，一般为 Cd^{2+}、$CdCl^+$、$CdSO_4$，在石灰性土壤中，也存在 $CdHCO_3^+$。对于镉元素来说，土壤有着较大的吸附能力，这种吸附能力在黏土和有机质多的土壤中表现得更为明显，所以更容易造成镉的积聚。土壤中所吸附的镉，能够被水溶出，进而产生迁移，土壤 pH 越低，镉的溶出率就越高。由于降水，聚积在土壤表层的镉，其中可溶态的部分会跟着水的流动发生迁移，也就是水平迁移。镉元素进入土壤之后，也会有一部分发生向上的迁移，这是由于植物生长。但是，大部分进入土壤中的镉元素，会慢慢转化为不溶态或植物非有效态镉，进而阻碍向上迁移。pH 是影响土壤中镉迁移的主要因素，在偏碱性的土壤中，镉的溶解度减小，土壤中的镉不会轻易发生迁移，在氧化条件下镉的毒性增强。而在酸性土壤中，镉的溶解度增大，所以镉迁移的速度也更快。

三、镉的危害

（一）镉对人畜健康的危害

镉虽然不是必需元素，但是人及牲畜体内含有少量的镉元素。在理想的干净环境中，刚刚出生的婴孩体内几乎完全没有镉元素，这就表明人体内存在的镉，实际上是从外界环境获取的，它主要通过人的呼吸和饮食活动进入人体，并沉积下来（图 2-2-1），进而导致了一系列危害。

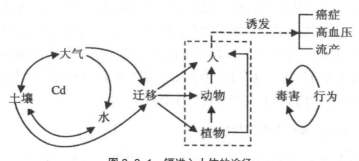

图 2-2-1　镉进入人体的途径

镉元素进入人体的途径有很多，如通过消化道、呼吸道及皮肤。人在饮食过程中导致镉进入体内，在消化道中，镉的吸收率为 5%~10%；呼吸道中，镉的吸收率为 10%~40%。从吸收率可以看出，相对于饮食中镉的污染，空气中的镉污染会对人体造成更严重的影响。在空气中，镉的物理化学形态，是影响人体吸收镉化合物的主要因素。CdO 和 CdS 都不能溶于水，但是 CdO 在肺内容易溶解，CdS 在肺内容易被清除。当人体通过食物来吸收镉元素时，实际上只有 1%~7% 被吸收，剩下的则被排泄出来。镉在被人体吸收后，最先到达的就是肝脏，与金属硫蛋白结合为镉硫蛋白后，再以血液为媒介，到达肾脏，并累积起来。

金属镉及其化合物都有一定的毒性，镉对人体的毒性可以用慢性中毒和急性中毒来区分。

（1）慢性中毒。慢性中毒是指所摄入的有毒物质的剂量不足，不能引起急性中毒，但是在长期摄入这种有毒物质的过程中，该物质会慢慢累积，从而导致人体的病变。镉慢性中毒大多是长期摄入镉及其化合物导致的，镉及其化合物进入人体后，会逐渐损害肾脏，主要临床表现就是尿液中含有大量低分子质量的蛋白质，并且尿镉的排出增加。

（2）急性中毒。通过上面对慢性中毒概念的阐释我们可以知道，急性中毒就是指在很短的时间内，有毒物质通过皮肤、呼吸道、消化道等途径进入人体，并且剂量达到一定程度，使机体受损并导致器官功能障碍。急性中毒的患者症状比较严重，病情变化十分迅速，对人的生命安全有极大威胁。镉急性中毒的一般表现为全身酸痛、无力、发热、咽痛、咳嗽、胸闷、气短、头晕、恶心等症状，严重的还会出现中毒性肺水肿或化学性肺炎，甚至会因急性呼吸衰竭而死亡。经过实验探究发现，导致镉几种中毒的原因，一般是吸入 CdO 的烟雾，或通过食物吸收过量的镉及其化合物。

目前来看，骨痛病事件是镉污染所造成影响最大的。1955 年，日本富山县神通川流域第一次发现了骨痛病，这是积累性镉中毒造成的。经过相关调查发现，神通川上游铅锌冶炼排出的废水中含有大量的镉，给神通川水造成了严重的污染。而生活在当地的居民会用河水来灌溉农田，所以导致农作物受到镉的污染。当地居民的饮食来源自然是当地的水及农作物，那么通过这条食物链，镉自然就被吸收到当地居民的体内，由此引发了镉慢性中毒。

（二）镉对土壤微生物的危害

微生物在自然界中具有十分重要的地位和作用，换句话说可以将其称之为"自然界分解者"，促进土壤沉积物的循环（碳、磷、氮等），此外微生物还可以促进无机营养物的再生及营养物的转化。镉污染对于土壤微生物来说，是最大的"杀手"，严重破坏土壤微生物的成分导致土壤微生物的组成区系统失常，如土壤微生物的代谢功能紊乱、活性成分降低等。土壤微生物的种群结构一旦遭到破坏，就会引发土壤重金属污染，继而生活在大自然中的人类的健康也会受到不可遏制的影响。

首先是镉对土壤微生物生物量的影响。土壤的营养供给来自营养库，也就是土壤微生物生物量，其对自然界的生态系统持续发展至关重要。微生物生物量的功能强大，它不仅能调整土壤中的成分，让养分循环起来，还可以把有机质与生物量的数量转化成一致的，但存于土壤微生物生物量中的氮和碳转化速度很快，成为影响土壤微生物变化、增加土壤重金属污染的"头号敌人"，这已被人们认为是不可忽视的影响因素。镉污染土壤，势必会使微生物生物量产生较大的差异。

其次是重金属镉对土壤微生物活性的影响。土壤中包含着许多微生物，这些微生物的总体活性代谢就是土壤微生物活性。微生物活性的变化与土壤质量的健康状况有所关联，所以在土壤生态系统的形成、功能演变过程中其都是最为关键的因素之一。镉污染对土壤微生物的影响，主要体现在微生物酶活性的抑制作用受到影响，在抑制过程中，镉同酶分子的活性部分——巯基、含咪唑的配体等融合在一起，形成络合物，这些络合物又同底物产生了竞争性抑制作用。也可能是因为重金属本身就可以对土壤微生物的生长和繁殖起到阻碍作用，土壤内的酶会因此减少合成，也会减少分泌，最终土壤微生物酶活性下降。不同浓度的重金属污染对不同的土壤生化过程具有不同影响。比如镉与土壤呼吸强度的关系，镉的浓度较低，那么土壤呼吸强度会感受到一定程度上的刺激，镉浓度若过高，则会产生抑制作用，最为明显的表现就是抑制土壤的酶活性，但对过氧化氢酶、磷酸酶等的活性影响较小。

最后是重金属镉对土壤微生物群落结构的影响，它可以提前测量出土壤的养分、预测环境质量的变化，所以土壤微生物种群结构象征着土壤生态系统群落系统结构的稳定性，因此它也被人们认为是敏感性生物指标中最有潜力的。另外，镉对土壤微生物本身来说，危害体现在土壤微生物和种群数量的减少上。

第三节　砷

一、砷的理化性质

砷（As）有三种同素异形体，具有不同的颜色，分别是黄色、灰色与灰褐色。化合价分正 +3 和正 +5。砷是个天生活泼的化学元素，游离砷可以与氟和氯发生化合反应，当处于加热状态时，也可以与大多数金属和非金属发生反应。但是再"活泼"的砷也有"安静"的时候，砷可以溶于硝酸和王水及强碱，但它不溶于水。土壤中的砷的本底多是来自成土母质，也就是土壤母质，成土过程中环境相关因素会决定土壤中砷浓度的高低及分布。通常情况下，普通地区每千克土壤中的砷会控制在 15 mg 左右。但是在一些含砷量高的地区，随着水侵蚀、植物吸收和火山活动等自然过程的发生，土壤中的砷便会随着自然活动的发生，渐渐分散到环境中，对周边地区土壤的砷含量及环境中砷的含量产生影响，不排除土壤中砷含量超出正常指标，造成土壤污染。作物的生长速度和质量与土壤中砷的含量及形态有关，自然界中人类的健康也与之息息相关。

二、土壤中砷的分布

土壤中砷的存在价态与形态对生物有效性有决定性作用，在某种程度上，砷在土壤中的迁移转化也会受到影响。这主要是因为土壤对易溶性化合物和难溶性化合物所具有的两种能力：其一是易溶性砷化物变为难溶性化合物；其二是难溶性化合物变成易溶性化合物。两种性质的化合物在一定条件下可随意转变。这些能力不仅与土壤的类型有关，而且还与土壤中金属的存在价态与特性有关，如 Fe、Al、Ca、Mg 等，与土壤 pH、微生物及磷的含量也相关。土壤中 Fe^{3+} 与其他铁离子相比较，对砷的吸附能力最为明显。土壤的 pH 和 E_h 是决定吸附形态的砷转变为溶解态的砷的关键。pH 增大，砷转变为可溶性化合物的概率增大。土壤微生物对砷的形态转变也有一定的助力作用，如土壤微生物中的细菌；另外，土壤微生物中含有的磷对砷的形态转变也有关系，可以促进砷的形态转变；磷化合物对砷有拮抗作用，再加上土壤胶体中存在的铁和铝，这两者的作用引起磷的吸附，其中起到教大的作用的是铁，铝和砷对磷都具有亲和力，但是铝凭借自身优势，对磷的亲和力远超过砷，可想而知，用磷去掉铝吸附的砷简直轻而易举。

三、砷的危害

在自然环境中，到处都存在着砷元素（As）。砷的化合物存在巨大的毒性，其中我们常说的砒霜，就是三氧化二砷，化学式是 As_2O_3，可以说是最古老的毒物之一。在人类生活的环境中，接触到的土壤、水、空气、植物，甚至我们的身体中都会存在砷的化合物，只不过含量是微量的，不会对人体造成伤害，但一旦人体过多摄入砷的化合物，就会产生中毒现象，对人体造成危害。

（一）砷对人畜健康的危害

砷广泛分布在自然环境中，正常人体组织中也含有微量的砷，但其实砷并不是人和动物体内所必需的元素。动物体内因砷产生的生化作用和中毒症状与人体内砷元素过多的症状类似。当人体对砷的摄入量大于人体排泄量时，会产生中毒现象，那么也说明，若这两者达到一种平衡状态，中毒现象就不会发生。相反，摄入微量的砷对人体还有一定的功效，如组织并促进细胞的生长、促进家禽、牲畜的生长发育。虽然砷在某种意义上对人和动物的身体都有一定的益处，但砷不是人和动物所必需的元素。砷本身属于一种原生质毒物，对许多种类的酶的活性及细胞的呼吸、分裂和繁殖产生阻碍作用，因此不管是人还是动物，应该严格把控对砷的摄入量，让摄入量与排出量达到平衡状态。

砷进入人的体内一般有两种途径，一是通过食物由口腔进入体内，二是通过皮肤或呼吸进入体内。胃肠道和肺部接收到信号，吸收砷，然后再被分散到内部器官组织或者血液中。无机砷及其化合物主要通过消化道被人体吸收，无机砷进入消化道后，人体对无机砷的吸收量取决于无机砷及其化合物的溶解度和物理状态，一般无机砷酸盐和亚砷酸盐中 90 % 的砷是可以被吸收的。有机砷化合物则主要是通过肠壁黏膜磷脂区的简单扩散方式被人体吸收，人体吸收有机砷化合物的速率跟人体吸收有机砷化合物的浓度成正比。另外，有机砷存在不同的形式，所以人体吸收不同形式的有机砷，吸收的程度是不同的。

无机砷化合物被人体吸收并进入血液中，大量的无机砷会与血红蛋白上的珠蛋白产生反应并结合在一起，少量的无机砷则会与血浆蛋白结合，结合后，无机砷化合物会快速随着人体内血液的流动分散到肝脏、肾脏、肺部、骨骼等内部组织。人体中无机砷化合物含量最高的是头发和指甲及甲状腺，这些部位不仅砷含量高，是其他人体内器官组织的数十倍，而且也是无机砷化合物储存时间最长的部位。除了头发、指甲和甲状腺，人体内无机砷化合物含量最高的部位就是骨骼和皮肤了。

上文提到砷本身就是一种原生质毒物，当人体摄入砷过多时，会与细胞中的酶系统结合，抑制大量酶的生物作用，酶活性受损，引起人体代谢功能障碍，这就是砷的毒作用。砷中毒一般有慢性中毒和急性中毒两种。砷慢性中毒的症状为：乏力、厌食、恶心，同时皮肤会存有皮肤色素高度沉着和高度角化的现象，皮肤角质增生变厚、干燥、皲裂，皮肤整体状况较差。砷急性中毒较少发生，比较罕见，急性砷中毒通常是不小心误饮误食了被砷污染的饮料或食品，或是含有砷的农药等。砷急性中毒的症状为：剧烈腹痛、腹泻、恶心、呕吐、惊厥、昏迷休克，若未及时抢救则会引发死亡。十几年或是几十年的时间内，人体若是摄入不同程度的砷，患病或者患癌的概率也在慢慢增加。另外，慢性砷中毒还会引发肾脏、肝脏的损害，引发血清丙酮酸和筑基含量降低等生理化改变。经过专家学者的研究，无机砷化合物已被确认为致癌物质。但无机砷化合物不是直接诱发癌症的因子，它只是对人类患癌起到了"辅助"作用，可以称之为辅致癌剂或者辅癌剂。此外，砷也不是特异的致突变剂，做不到诱发基因的点突变，不过砷能诱发 DNA 结构损伤的细胞学后果。

砷的毒性大小与存在形态有很大关系，比如砷的存在形态 As（Ⅲ）和 As（Ⅴ），两者相比，As（Ⅲ）的毒性是 As（Ⅴ）的 25~60 倍。As（Ⅲ）之所以具备这么强的毒性，是由于 As（Ⅲ）与机体内酶蛋白的统基反应，形成稳定的螯合物，酶失去活性。As（Ⅴ）与筑基的亲和力较差所以毒性比较低。总之，除砷化氢衍生物外，有机砷通常毒性都不大。

（二）砷对植物的危害

植物体内的砷含量通常为 0.07~0.83mg/kg，主要是从土壤中获取的。植物的生长依赖土壤，因此植物体内的砷含量与植物的生长环境——土壤环境息息相关，土壤含砷量高，那么植物体内的含砷量必然也会增加。研究发现，砷对促进植物生长有积极作用，但不属于植物生长必需元素。微量的砷刺激植物生长发育，特别是砷酸钙，对植物生长发育有着明显的益处。砷酸钙之所以影响植物，首先是因为砷酸钙中钙可作为养分，并能校正土壤的酸度；其次是因为砷可使土壤中的磷有效化；最后是因为土壤微生物可在砷的促进下展开活动。当前，人们对砷的作用机理有两种解释。其一是认为砷具有促进植物生长的作用。因为砷化合物会引发还原作用，植物细胞中氧化酶的活性被激活或提高了。二是因为砷化合物消灭了对植物有害的病菌，抑制了细菌的蔓延，使植物得以良好生长。

但同时，植物中砷的含量也需要有一定的控制，过量的砷对植物生长不仅没有促进作用，反而会产生相当大的危害。植物砷中毒，其蒸腾速率降低，根系活性被抑制，水分与养分无法正常吸收，导致叶片发黄、脱落甚至植物枯萎死亡等。砷除了可以通过植物的根进入植物内，还可以依靠叶子。当人们对植物进行管理养护时，通常会喷洒农药或施化肥。那么农药中或者化肥中的砷便会通过叶片被吸收，并且顺着叶鞘转移到根、茎及其他部位，被植物吸收。上文提到，植物体内的含砷量与土壤含砷量有关，土壤含砷量越高，植物体内的含砷量也会越高，植物含砷量一旦过高，将会影响作物的产量。植物体内的含砷量与土壤含砷量成正比，与作物产量成反比。例如水稻，当水稻生长所在的土壤含砷量为 500 mg/kg 时，水稻便会无法正常生长发育而死亡。当然并不是说土壤含砷量为 500 mg/kg 时，所有植物都会死亡，不同的植物本身对砷的吸收有很大不同，相同植物的不同部位对砷的吸收也不同。比如，植物的根和茎叶等生长比较旺盛的部位，从土壤中吸收砷较多，籽实对砷的吸收则较少。砷害的发生与土壤的性质也有关系，土壤性质的不同对砷有着不同的吸收能力，所以砷害发生的程度也不同。例如：火山灰土壤，种植在这种土壤中的植物，通常由于火山灰土壤对砷强大的吸附能力，植物出现砷害的现象少之又少；相反冲积土因为对砷的吸附能力较低，处于该土壤生长的植物发生砷害的现象明显增加。

植物砷中毒的表现通常会有一个递进的过程。症状首先表现在植物的叶子上，起初叶子前端会卷起来，或者发黄枯萎，最后叶片脱落；其次是阻碍植物根部的生长，植物根部不能很好地生长，水分和养分的传送就会缺失，整个植物的生长缓慢甚至停滞，叶片也因为得不到水分和养分，发黄掉落，进而导致整个植物的死亡。砷对植物的毒性除了与砷的数量有关，与植物种类也有关系，下面举例说明几种植物砷中毒的症状。小麦砷中毒的症状表现为根部枯萎死亡，无法吸收水分和养分，叶片变得细长狭窄、发硬，整株植物的颜色为青绿色；燕麦砷中毒的症状表现与小麦砷中毒的叶子症状类似，也变得是细长狭窄，只不过叶片颜色为黄色；水稻砷中毒的症状则表现为茎叶分果的抑制，同样为根部发育不正常，颜色为褐色，抽穗时间延缓，植物不成熟；桃树砷中毒的症状表现为叶子的边缘及分布在叶肉组织中的叶脉颜色为褐色，叶片出现红色的斑点，一段时间后，红色斑点部分的叶片枯死，叶子边缘呈现锯齿状，最后整片叶子脱落。砷对植物造成的危害如此之大，主要原因是砷对植物根部的破坏，植物生长所需的水分和养分都是由根部向上传送的，砷会影响植物根部的生长，导致无法传送水分和养分，植物进行光合作用所需的叶绿素就无法合成，进而导致叶片枯萎，地下的根因为砷被破坏，地上部分则因为根而生长缓慢，叶片发黄，最后枯萎死亡。还有一个原因是砷与植物对磷的代谢有关，砷使植物中的三碳糖磷酸氧化，高能的磷酸无法形成，即在三羧酸循环中，无法形成可以促进植物生长的三磷酸腺苷，植物自然无法正常生长。

（三）砷对土壤微生物的作用及危害

在砷的地球化学循环过程中，微生物可以说是功不可没，微生物在砷的迁移、转化过程中，对砷发挥氧化—还原、甲基化—去甲基化等作用，积极促进砷的地球化学循环。微生物之所以这么强大是因为自身能力较强，微生物的生存环境中即使含砷量较高也丝毫不影响微生物的生长，甚至微生物还可以将不断累积起来的砷转化成自身进行新陈代谢的资源，所以微生物不仅不会受其影响，还可以积极利用。微生物对砷的累积途径主要有两种，一种途径是细胞壁及自身代谢的产物会吸收部分砷，另一种途径是自身进行新陈代谢时，累积在细胞体内的砷。砷作为并不是细胞生长所必需的元素，却能以电子受体或供体的形式存于微生物体内，只不过细胞内没有专门吸收、输出砷的运行系统，砷的存在形态为 As（V）时，只能借用与它性质较为相似的磷的载体作为专门载体进入细胞体内，而 As（Ⅲ）

57

则是利用甘油的膜通道蛋白进入细胞体内。

土壤微生物含砷量过多，土壤就会产生一定的毒害作用。被砷污染的土壤，含砷量过高，其中有三种形态的砷化物会令土壤中细菌的总数减少，且随着砷的含量逐渐增大，细菌总数逐渐减少。土壤中细菌种类很多，如固氮菌、解磷细菌、纤维分解菌，当土壤含砷量超过一定浓度时，这些细菌都会受到不同程度的影响，阻碍细菌在土壤中生长。

砷化物的存在形态各异，所以砷污染的现象也不相同，其中抑制作用最大的是亚砷酸钠，抑制作用最小的是硫化砷。砷化物的存在形态对土壤的影响有异，对微生物的影响也不同，土壤中不同类型的细菌对砷也有不同程度的敏感性，区别很明显。土壤代谢的旺盛程度从另一角度来说，其实就是土壤微生物的活性。土壤微生物的活性可以利用土壤微生物的呼吸作用作为其中的一个指标来进行衡量。有很多因素会影响土壤微生物的呼吸作用，其中之一就是土壤微生物的数量，土壤中的含砷量过高，形成砷污染，土壤中的细菌总数便会减少，进而影响土壤微生物的呼吸作用，土壤呼吸强度下降，CO_2产量减少。由此可知，土壤中CO_2的产量与土壤细菌总数也成正比。

第四节　汞

一、汞的理化性质

汞 (Hg) 俗称水银，是唯一在常温下呈液态并易流动的金属。汞溶于硝酸和热浓硫酸，不溶于稀硫酸、盐酸和碱，汞蒸气有剧毒。一般汞化合物的化合价是正+1、正 2+，亲硫性强，即使处于常态环境下，遇见单质硫也能与其发生反应，形成稳定化合物。土壤中存在汞的原因主要有自然原因和人为原因两个方面。首先是自然原因，自然界中火山活动、自然风化、土壤排放和植被释放等都会使得土壤中产生汞。其次，人为原因，人们在日常生产生活中，为了提高生活质量，追求高品质生活，采取了一系列的活动，如对含汞矿石的采集、运输和加工，随意排放工业产生的废水，燃料、纸及固体废物的燃烧，务农人员大量施用含汞成分的肥料和农药或用污水浇灌农作物，熔炉的排放，等等这都会使土壤中存在汞。

二、土壤中汞的分布

土壤中一旦有汞渗入，土壤就会迅速吸附或固定住汞，被吸附或固定住的汞的数量可达到 95 %，主要是因为土壤中有黏土矿物和有机质，这类物质对汞的吸附作用非常显著。汞在土壤中的分布并不均匀，而是呈现一个递减的过程，汞一般聚集在土壤表面，所以土壤表面汞的含量是最多的，随着土壤深度的下移，汞的含量在逐渐减少。土壤表面汞的含量之所以最高一是因为刚接触土壤的汞便被土壤表层的黏土矿物和有机质吸附并固定住，二是汞与土壤表层的有机质易结合成螯合物，该物质不易向下层移动。土壤中的汞虽然容易被吸附，但有部分汞可以随着地表径流迁移到其他土壤中，这就使得不同系列的土壤，含汞量也是不相同的。若是比较一番会发现，森林土壤含汞量是最高的，其次是草原土壤、高山土壤，最后是荒漠土壤，其含汞量最低。土壤中汞的迁移发生，通常与土壤有机质含量、氧化还原条件、pH 有关。另外，汞是亲腐殖质的，若是土壤中含有较多的腐殖质成分，那么土壤中的汞就会累积其中，汞的迁移便也不会产生了。

处于还原条件的土壤，其中的二价汞可以被还原成零价的金属汞，若是有促进还原的有机物参与，那么有机汞也可以变为金属汞。不同的条件和环境下，汞会有不同的形态，且对作物产生的损害也不同。处于氧化条件下，汞的存在形态不受影响，且较为稳定。这时土壤中的汞的可给量降低，生物迁移能力减弱，作物难以吸收。在土壤环境为酸性时，土壤中汞的溶解度变高，汞在土壤中的生物迁移速度也会加快。相对应的，土壤环境为碱性时，土壤中汞的溶解度变低，汞的生物迁移速度变慢甚至不会发生迁移，那么汞就原地沉积。土壤中的汞除可以发生迁移之外，存在于土壤中的汞也可以发生化学反应，即无机汞和有机汞化合物转化成金属汞。此外，在嫌气细菌的作用下，可以促使土壤中的无机汞化合物转变为有机汞化合物。在含有硫化氢 H_2S 的还原条件下，二价汞离子 (Hg^{2+}) 可以生成难溶硫化汞 (HgS)。在氧气充足的条件下，HgS 可以转化成可溶性的硫酸盐，而且可以通过生物学作用，转化成甲基汞。土壤中的汞一旦形成甲基汞，自然界的生物就可以通过生物吸收，进入各种农副产品，如粮食、肉类和蛋类，人类经过食用进入人体，进而对造成人体损害。

三、汞的危害

（一）汞对人畜健康的危害

汞及其化合物进入人体和牲畜体内有多种途径，如通过呼吸道、消化道、皮肤。同时，汞的存在形态各异，不同形态的汞进入方式也不同。金属汞通常以蒸气形式，通过人或牲畜的呼吸道进入体内，从而被吸收。蒸气汞最大的特点就是容易溶于脂肪，其中肺泡的吸收量明显较高。蒸气汞利用肺泡壁流入血液中，从而吸收 75%~85% 的汞，有的甚至 100% 吸收。但是，无机汞化合物在消化道中的吸收率较低，吸收量占总摄入量的 15%。消化道虽然对无机汞并不"友好"，但却对有机汞展示出最大的诚意，甲基汞在小肠内的吸收率可达到 90%，乙基汞的吸收率和甲基汞吸收率几乎一样，可以达到 90% 的吸收率，苯基汞在消化道的吸收率比烷基汞低。除此之外，有机汞吸收途径也有呼吸道和皮肤。人畜吸收汞后，汞就会随着血液流动到体内的各个器官，金属汞无法直接产生毒害作用，会先在肝细胞和红细胞内进行氧化作用，以此形成汞离子，再产生毒害作用。二价汞离子主要有两种形式随着血液流动到体内的各个器官，与血液中血浆蛋白的筑基结合形成的结合型汞，与含筑基的低分子化合物结合形成扩散型汞，这两种形式的汞进入器官后，最后统一汇聚到肾脏。肾脏中，皮质中是含汞量较高的，其中近端肾小管的细胞内含汞量最高。肾脏中的金属筑蛋白即为肾组织与汞结合产生的主要成分，肾脏若长时间接触汞，那么肾脏内的金属筑蛋白在与汞的结合耗尽后，肾脏就会逐渐出现一定的损伤。甲基汞化合物在人畜体内的分布还是比较均匀的，细胞膜和血脑筑起的屏障，甲基汞可以很轻松地通过，与筑基顺利结合。在中枢神经内，脑干中的含汞量是最高的，其次是小脑、大脑皮质和海马回，有时甲状腺及垂体也会含汞，汞可以长期地存在于这些组织中，甚至口腔、肠黏膜、唾液腺及皮肤也可以长时间地留存汞。

汞的毒性通常有慢性与急性之分。急性中毒主要是人畜吸入了汞蒸气或者食用了汞及汞化合物。人畜一旦吸入汞蒸气，在短短几分钟内便会引发腐蚀性气管炎、支气管炎和毛细支气管炎、间质性肺炎、腐蚀性口腔炎和胃肠炎等不良病症，通常会剧烈咳嗽，呼吸变得急促，身体发热，神经系统也会出现一些不良反应。误食汞的不良病症通常为急性腐蚀性胃肠炎、坏死性肾病和周围循环处于衰竭状态，症状的表现：在口腔、咽部、上腹部有明显的烧灼感，牙龈溃烂出血、恶心、呕吐血性黏液、身体酸痛、腹痛，并伴有腹泻、便血及胃肠道穿孔。之后几日，通常会出现腰疼、尿异常的现象，若是不及时治疗，周围的循环处于衰歇状态，导致休克，进而死亡。

慢性中毒部分患者由于接触汞制剂，一开始只是头晕、头痛、失眠、多梦，紧接着就会出现情绪激动或抑郁、焦虑、胆怯及神经功能紊乱的症状，此时人体会出现明显的震颤，有的患者只是手指震颤，或者眼睑、舌头、手臂、下肢、头部震颤，有的患者则是全身都处于震颤的状态。汞中毒患者的口腔也存在明显的症状，口腔黏膜充血、溃疡、牙龈肿胀并伴有出血，牙齿出现松动甚至脱落的现象。人畜的皮肤一旦触碰到汞及汞化合物，便会引发接触性皮炎，且具有变态反应性质，产生红斑丘疹，有时融合成一片，有时则形成水疱，经过治疗痊愈后，皮肤有明显的色素沉着。最早出现在日本水俣湾的"怪病"事件，就是慢性有机汞中毒的一种病症，即日后轰动全世界的"水俣病"。患病的人的发病过程通常先是说话不清楚、走路步调不一致，面部呈痴呆状，接着失聪失明，全身麻木僵硬，无法活动，最终引发精神状态失常，病情进一步发展，致人死亡。母亲腹中的胎儿也未能幸免于难，甲基汞是个"狡猾的家伙"，它可以突破保护胎儿的胎盘屏障，顺利进入胎儿大脑，使得胎儿患上先天性汞中毒，影响胎儿的脑神经和智力发育。即使胎儿在母亲腹中安好，等到胎儿生下来，汞还可以通过母亲喂养孩子的乳汁进入婴儿体内，虽然母亲并没有表现出汞中毒的一些症状，但是婴儿已经发生中毒。因此，日本自"水俣病"发生后的四年时间内出生的婴儿，患有先天性痴呆和身体畸形的概率有明显的增加。

（二）汞对植物的危害

自然界中到处存在着汞及汞化合物，特别是农作物中，汞的存在更是一种普遍的情况，通常汞含量为 0.01~0.2mg/kg。因为农作物能通过根直接吸收存在于土壤中的汞，影响农作物生长，所以汞被视为损害农作物生长的元素之一。某种条件下，植物并不是直接吸收土壤中的汞，通常是等汞及汞化合物转化成甲基汞或者金属汞之后，植物的根才会吸收。不同植物的根部不同，所以对汞的吸收量也是不同的。自然界中针叶植物对汞的吸收量高于落叶植物，蔬菜作物中，根菜类的蔬菜对汞的积累量最高，其次是叶菜类蔬菜，最后是果菜类蔬菜。同一株植物，不同部位积累的汞含量也不相同，一株植物通常包括根、茎、叶、籽实四部分，这四部分进行比较，汞的积累量最高的是根部，其次是茎、叶，积累量最低的是籽实。汞主要通过两种方式进入植物植株内部，第一种是植物的根吸收土壤中汞及汞化合物或是其转化成的甲基汞；第二种是含汞的化肥或农药、大气中含汞的飘尘或雨水停留在植物的叶片上，这些汞通过叶片进入植物植株内或者叶片直接吸收汞。由于汞进入植物植株内的方式不同，汞在植物植株内部的流动也不同。根部吸收的汞会与根系中的蛋白质发生反应，堆积于根部，很少往地上部分，也就是茎、叶的部分迁移；而被叶片吸收的汞，或者说通过叶片进入植物植株内部的汞，则被分散到植株的各个部位。

植物的叶、茎、花瓣、花梗和幼蕾的花冠都有可能受到汞蒸气的毒害，受毒害的表现是颜色变成棕色或黑色，甚至叶子和幼蕾可能全部脱落。如果豆类植物和薄荷的叶子被汞蒸气污染，在叶子表面会出现暗色斑点，随着时间推移，暗色斑点逐渐变黑，导致叶子枯萎或脱落。受污染时间的长短影响着叶子的受损情况，叶子受污染时间越长，受损程度就越严重。汞也会给植物的生长发育造成很大的影响，一旦植物受到汞的污染，植物的生长发育进程就会减缓。植物生长发育需要进行光合作用，才能促进其根部的生长及养分的吸收，被汞污染的植物在这些功能方面就会受到影响。会对植物的光合作用造成阻碍，这主要是因为汞降低了植物叶绿素的含量，从而导致其光合作用受到影响。叶绿素受汞污染含量降低的原因主要表现在两个方面：一方面，叶绿素酸酯还原酶在汞抑制作用下无法正常运转，从而使叶绿素含量降低；另一方面，氨基—γ—酮戊酸的合成功能也遭到了破坏，从而使叶绿素含量降低。植物生长发育的初期，叶绿素的合成受 Hg^{2+} 影响，叶绿素的含量就比较低；在植物生长发育的成熟期，在 Hg^{2+} 影响下，植物的细胞膜结构发生改变，进而破坏叶绿体的完整结构。植物的根系和叶片都会受到汞的影响，汞在植物体内会抑制水分的吸收，使水分在运输传导过程中受到阻碍，使得植物体内水分快速流失，导致 Mg、Na、K、Mn、Cu、Cr、Ni 等在植物体内含量下降。

通过以上分析，我们可以发现 Hg^{2+} 在水的渗透吸收方面主要起着抑制和阻碍的作用，并且对其他元素的渗透吸收也产生了很大的影响。植物的细胞膜上含有磷脂，汞通过影响植物体内的磷脂，使细胞膜的性质发生了变化。植物的生长发育有赖于体内酶的作用，汞在植物体内融合蛋白质中的氢基，导致植物体内酶的功能不能正常发挥，这是汞对植物产生危害的主要表现。自然界中存在多种形态的汞，不同形态对植物的危害程度也差异明显。植物吸收汞主要是通过根系和叶子来吸收，更易被植物吸收的形态是金属汞、Hg^{2+}、乙基汞和甲基汞。通常情况下，无机汞对植物的伤害要小于有机汞，这主要是由于无机汞在土壤中的化学沉淀作用较强。金属汞可以通过汞的化合物还原得到，一旦被还原，呈现形态就会是汞蒸气，在这种情况下叶面气孔就可以吸收汞蒸气。嫌气细菌在无机汞及其化合物的转化方面发挥了一定的作用，有机汞化合物在嫌气细菌的辅助下由此生成。植物是非常容易吸收转化生成的有机汞化合物的，这很明显地会加强汞对植物的伤害程度。植物对不同形态的汞的吸收效率是不同的，一般来说，植物吸收氯化甲基汞最快，接下来依次是氯化乙基汞、乙酸苯汞、氯化汞、氧化汞和硫化汞。植物体内酶的活性也受体内汞的浓度的影响，浓度到达一定程度之后，就会使细胞正常的生理生化过程遭到破坏，打破了植物的代谢平衡，植物生长发育受到影响，甚至严重的情况下，植物会枯萎死亡。危害更严重的是汞在作物体内积累后，会通过食物链进入人体，危害人和动物的健康安全。

第五节　铬

一、铬的理化性质

在潮湿的环境下，单质铬 (Cr) 是比较稳定的，但是在加热条件下，铬会与氧化合，最终形成 Cr_2O_3。不溶于水特性是铬的主要特性。金属铬遇酸表面钝化，去钝化后，铬是非常容易在各类无机酸中（除硝酸外）溶解的，并且可溶于强碱溶液。常见的铬化合物的化合价有 +2 价、+3 价和 +6 价，+6 价铬的毒性最大，+3 价铬次之，+2 价铬毒性最小。岩石风化之后会产生铬，这是自然界中铬的主要来源，铬存在于地壳所有的岩石中，主要以铬铁矿（$FeCr_2O_4$）形式存在。土壤没有受到铬污染的情况下，在含量方面，土壤中的铬和地壳中的铬是相同的。土壤在母质岩上的发育状况差异明显，蕴含的铬的含量也各不相同，母质直接决定土壤中铬的含量。制造不锈钢、汽车零件、工具、磁带和录像带等会经常使用铬。环境中铬的人为来源主要是排放的废水、废气和废渣等，电镀行业、染料行业、制药行业、制革行业等行业排放的"三废"中铬的含量比较多。

二、土壤中铬的分布

0~20 厘米的耕作层是土壤的表层，也是铬在土壤中的主要累积层，一般情况下，是不会向下层移动的，污灌和施污泥也不会对深层土壤的含铬量造成影响。其主要原因在于土壤吸附固定 Cr(Ⅲ) 的能力是迅速并且强烈的。Cr(Ⅲ) 被土壤吸附以后是很难发生移动的。土壤的酸碱度影响着土壤胶体对 Cr(Ⅲ) 的吸附能力，同时土壤的酸碱度也对土壤溶液中 Cr(Ⅲ) 的溶解度影响明显，土壤呈酸性并且数 PH 于 4 时，Cr(Ⅲ) 溶解度呈现出较低的状态；土壤呈酸性并且 PH 为 5.5

时，铬开始出现了沉淀现象；土壤 pH 高于 5.5 时，铬几乎全部沉淀，这种情况下的土壤溶液呈碱性，加快了铬的多羟基化合物的生成进度；铬能在酸性土壤溶液中较快地形成有机络合物，有机络合物的迁移能力明显更强。水溶性有机质是 Cr(Ⅲ) 在土壤里非常有效的络合剂，铬复合物的形成过程中有着大量的有机质的参与。铬在土壤中良好的吸附体是氢氧化铁和氢氧化铝，它们也能减弱 Cr^{6+} 的迁移能力。黏土矿物类型和土壤对 Cr(Ⅲ) 的吸附密切相关，其中吸附能力最强的是蒙脱石，而高岭石是所有黏土矿物中对 Cr(Ⅲ) 吸附能力最弱的。土壤种类多种多样，其中铬的分布也呈现明显差异，其中砖红壤中的铬含量最多，黑土、黑钙土、白浆土和红色石灰土中铬含量仅次于砖红壤，接下来是暗棕壤、棕壤、褐土、黄褐土、黑型土、栗钙土、荒漠草原土及非地带性土壤潮土、紫色土、草甸土、水稻土和盐碱土，红壤、赤红壤、燥红土中的铬含量是排名最后的。各土类表层土中铬含量甚至在同一土壤系列中也不尽相同，在红壤系列中，铬含量最多的是砖红壤，其次是红壤，接下来依次是黄壤、赤红壤和燥红土；在褐棕土系列中，铬含量最多的是棕壤，其次是黄棕壤，接下来是褐土和黄褐土；黑土、棕栗土、漠土系列中，黑土中铬含量最多，接下来依次是白浆土、黑钙土、栗钙土、荒漠草原土和荒漠土。工业"三废"中含有大量的铬，一旦这些铬进入土壤，土壤胶体就会把其中的 Cr(Ⅲ) 吸附固定，同时在有机物质的作用下，Cr(Ⅵ) 被还原成 Cr(Ⅲ)，土壤胶体也会对还原物进行吸附，这样一来就会削弱铬的迁移能力，同时生物有效性也出现了明显降低的情况，使得土壤中累积下来大量的铬。土壤中的 Cr(Ⅲ) 在 pH 介于 6.5~8.5 时，会发生氧化反应，变成 Cr(Ⅵ)，Cr(Ⅲ) 也容易在好氧条件下发生氧化反应，变化成为 Cr(Ⅵ)。Cr(Ⅵ) 存在竞争作用受多方因素影响，其中受阴离子的影响最为明显，影响顺序为 HPO_4^{2-}、$H_2PO_4^-$ > MoO_4^{2-} > WO_4^{2-} > SO_4^{2-} > NO_3^-、Cl^-，土壤 Cr(Ⅵ) 的最好提取剂是 KH_2PO_4，一般来说，土壤中很难检出 Cr(Ⅵ)，土壤有机质会迅速将 Cr(Ⅵ) 转换成 Cr(Ⅲ)。

成土过程会影响铬在土壤剖面中的分布情况，黏粒含量也会对铬的累积产生一定程度的影响。黏粒和氧化物在生草灰化区土壤中会被淋滤，并且在沉积层富集和沉淀，在这一过程中，铬也发生了位置变化，最后沉积在 B、C 层。铬在栗钙土和碱土剖面中的分布是比较均衡的。铬在草甸和生草潜育土壤中存在一定的分布规律，随着土壤深度的变化，其含量逐渐降低。

三、铬的危害

（一）铬对人畜健康的危害

人畜体内分泌腺组成的成分就包含铬，可以说人和动物生长发育必需铬，尤其是胰岛素功能的正常发挥需要 Cr(Ⅲ) 起协助作用。总的来说，糖和胆固醇代谢过程都会用到铬。一旦缺乏了铬，就会引起一系列的问题，如影响糖、脂肪或者蛋白质代谢系统。如果铬在人和动物体内的含量超过了一定的限度，就会对人和动物的健康产生危害。不论是 Cr(Ⅲ) 还是 Cr(Ⅵ)，对人体健康都有危害作用，可能导致癌症的发生。通常来说，毒性更强的是为 Cr(Ⅵ)，主要是因为 Cr(Ⅵ) 更易为人体吸收，并且可以在体内蓄积。周围环境中也存在铬，通过空气和食物等介质进入体内，铬进入体内的途径多种多样，可以通过呼吸道进入，也可以通过消化道进入，还可以通过皮肤及黏膜等进入。铬的来源和化合物的种类会对铬在消化道内的吸收率产生影响。消化道对无机铬化合物的吸收效率大概在 0.1%—3% 或者是更低。在吸收率上，有机铬是高于无机铬的。铬在动物小肠中被吸收一部分，剩下的部分在回肠和十二指肠中被吸收，其中 Cr(Ⅲ) 的吸收率在胃肠道中平均为 0.5%，比较 Cr(Ⅵ) 和 Cr(Ⅲ)，Cr(Ⅵ) 更容易被吸收；呼吸道系统更容易吸收 Cr(Ⅵ)，肺对 Cr(Ⅵ) 吸收率为 40% 左右；Cr(Ⅲ) 特性为不溶性，更容易在肺部沉积下来。在一定范围内，人体摄入的铬的含量与人体吸收铬的含量呈现出负相关的关系，每天人体摄入铬的量为 10 μg 的时候，人体对铬的吸收率为 2%；每天人体摄入铬的量为 20 μg 的时候，人体对铬的吸收率为 1%；每天人体摄入铬的量为 80 μg 的时候，人体对铬的吸收率则大概恒定在 0.4%。

动物吸收铬的主要形式是小分子铬的有机配合物，铬被吸收后，经过肠黏膜进入体内，铬和锌在体内肠道代谢路径是相同的。铬进入血液后，将和血浆含铁球蛋白或白蛋白进行结合，结合过程中，红细胞膜会对 Cr(Ⅲ) 造成阻碍，而 Cr(Ⅵ) 受到的影响较小，能够穿透红细胞膜，完成与血红蛋白的结合。铬在血液中的含量是体内总铬量的 1%—10%，并且在组织中转移和蓄积的主要形式是 Cr(Ⅲ)。存在于肝、肾、脾和骨骼内的铬主要是经过食道进入体内的，存在于肺内和脾脏部位的铬主要是通过呼吸道进入体内的。铬在人体内正常含量是低于 6 mg 的。

人体所必需的微量元素包含铬，无机铬在人体内被吸收利用的效率较低，吸收利用率连 1% 都不到，而有机铬在人体内被吸收利用的效率较高，吸收利用率在 10%~25%。天然食品中也存在铬，但是存在的量比较少。铬在人体内的功能主要作用在糖代谢和脂代谢方面，缺少铬或者铬的含量过多，都会产生严重的危害。一旦人体内铬的含量不足，胰岛素的活性就不能很好地起作用，胰岛素的正常生理功能也无法发挥出来，这样一来，就会妨碍糖和脂肪正常的代谢过程。铬在人体内的含量低于一定的限度损伤糖耐量因子的功能，导致胰岛素敏感性明显降低，蛋白质的代谢平衡也会遭到破坏，由此引发角膜损伤、血糖过多和糖尿病、心血管病等一系列疾病。如果铬在人体内含量过高，则会产生毒性，毒性来源于Cr（Ⅵ），导致呼吸道疾病、肠胃道病和皮肤损伤等一系列疾病。除此之外，如果 Cr（Ⅵ）经由呼吸道进入体内，还有可能引发癌症，如果 Cr（Ⅵ）从皮肤和消化道大量进入体内，严重情况下会导致死亡。

1. 铬对皮肤的损伤

（1）导致铬性皮肤溃疡，俗称铬疮。皮肤完好的状态下不会受到铬的伤害，皮肤擦伤的时候，再接触到铬化合物，皮肤就会受到伤害。接触时间长短、皮肤的过敏性及个人的卫生习惯这些方面都会对铬性皮肤溃疡的发病产生影响。铬疮的发病部位主要在手、臂及足部等部位。现实情况中，皮肤受损的任何部位与铬化合物接触都有可能发生铬疮。接触后，皮肤最先出现红肿，瘙痒感明显，之后发展成丘疹。这时，如果不采取治疗措施，就会发展成中央坏死的丘疹，导致皮肤溃疡，引发皮肤局部疼痛，溃疡发展严重的时候甚至可以伤害骨头，疼痛剧烈，特别不容易愈合。

（2）导致铬性皮炎及湿疹，受损皮肤在 Cr(Ⅵ) 的影响下也会引起病变，引发铬性皮炎和湿疹的病症，患病之后皮肤瘙痒难耐并形成丘疹或水疱，有些患者铬过敏期时间较长，长达 3~6 个月。

2. 对呼吸道的损伤

呼吸道吸收 Cr(Ⅵ) 后也容易发生病症。Cr(Ⅲ) 具有不溶性的特征，容易在肺部累积下来，这样一来，铬化合物就会给呼吸道造成极大的伤害，容易引发鼻中隔溃疡、穿孔及呼吸系统癌症等一系列疾病，呼吸道接触铬越频繁，疾病发生的概率就越高。呼吸道吸收 Cr(Ⅵ) 初期会导致鼻黏膜充血、肿胀、反复轻度出血、嗅觉衰退等伤害，容易受伤害的部位是鼻中隔软骨部下端 1.5 cm 处，这一部位神经分布少，疼痛不明显，严重可导致软骨穿孔。

3. 对眼的损伤

铬化合物对眼的损伤主要表现在眼皮及角膜部位，这些部位接触了铬会使眼球结膜充血，有异物感，同时还会伴有流泪刺痛、视力减退等不适反应，这些都是铬化合物对眼的损害，严重还可能导致角膜上皮剥落，给眼部带来不可逆的伤害。

4. 对胃肠道的损伤

Cr(Ⅲ)在胃肠道中被吸收的量是很少的，Cr(Ⅵ)相对 Cr(Ⅲ)来说，更容易被吸收。Cr(Ⅵ)进入人体后，在胃酸的作用下，会被还原为 Cr(Ⅲ)。进入体内的 Cr(Ⅵ)会严重伤害身体健康，致使口腔黏膜增厚，带来反胃呕吐等不良反应，严重的情况下会出血，同时腹部伴剧烈疼痛、肝脏部位肿大的情况，也会出现头痛、头晕、烦躁不安、呼吸急促等不良反应，引发口唇指甲青紫、肌肉痉挛等症状。如果没有采取有效措施，发展严重的话还会使循环衰竭、失去知觉，甚至危及生命。

5. 铬的致癌作用

铬还会导致癌变、畸变和突变。致畸主要是 Cr(Ⅲ)的影响，透过胎盘屏障，抑制胎儿生长，从而导致畸形产生。在致突变方面，Cr(Ⅵ)明显高于 Cr(Ⅲ)，Cr(Ⅵ)和 Cr(Ⅲ)化合物都可能引发癌症，因为二者均有诱发细胞染色体畸变的能力。

（二）铬对植物的危害

作物生长发育必需的微量元素包含铬（指 Cr(Ⅲ)）植物生长过程中通过根和叶的吸收，从外界环境中摄取生长所需的铬，但其吸收和运输的能力比较弱，因此铬就会在植物体内累积下来。铬在植物体内的正常含量为 0.01 mg/kg 左右。如果植物缺少了 Cr(Ⅲ)会影响其正常发育，植物的生长发育适合在低浓度铬的情况下进行，但铬在植物体内超过一定的量就会抑制植物的生长发育，阻碍植物对其他矿物质营养元素的吸收。过量的铬会对植物造成很大的伤害，如植株矮小、叶片内卷，根系变褐、变短、发育不良等。铬伤害植物的方式和铬伤害人畜的方式具有相似性，Cr(Ⅵ)毒性大于 Cr(Ⅲ)。在土壤中，植物能够吸收 Cr(Ⅵ)和Cr(Ⅲ)，但是 Cr(Ⅵ)较 Cr(Ⅲ)更易在植物体内移动，植物的类型和部位都会在一定程度上给这种移动带来影响。植物体内，铬在分布上呈现出一定的规律，具体表现为：根＞叶＞花。通常情况下，植物的根部累积的铬更多一些，这是因为大量的键合位点存在于植物根细胞壁中，这些键合位点的主要作用在于能够能键合铬离子。同时 Cr(Ⅵ)被还原成 Cr(Ⅲ)，还原之后能够与有机分子形成铬合阴离子，一般来说，植物体内铬的含量在 0.05~0.5mg/kg 范围内为正常含量。当铬在土壤中的含量比较高时，那么相应的植物体内铬的含量也会增多。植物体内铬的含量增多，那么植物体各器官中铬的含量也会增多。植物种类及土壤类型的不同会导致植物体内含 Cr(Ⅲ) 量的不同。

铬在土壤中对植物的危害受多方面因素影响,如铬的化学形态、土壤性质、土壤 pH、土壤含有机质状况、土壤氧化还原电位等。从铬的化学形态这一角度来说,Cr(Ⅵ) 毒性要强于 Cr(Ⅲ),这是因为 Cr(Ⅵ) 在土壤中是可溶的,对植物来说更容易吸收,所以毒性更强,而 Cr(Ⅲ) 是难溶的,对植物来说更难吸收,所以毒性相对来说就会小一点。Cr(Ⅲ) 极容易被土壤黏土矿物吸附和固定,在酸性或者中性环境中,Cr(Ⅵ) 也容易被土壤黏土矿物吸附;Cr(Ⅲ)、Cr(Ⅵ) 的毒性受土壤中 pH 值的影响较大,在酸性土壤中 Cr(Ⅵ) 的毒性明显要弱于在中性和碱性土壤中 Cr(Ⅵ) 的毒性,在酸性土壤中 Cr(Ⅲ) 的毒性明显要强于在碱性土壤中 Cr(Ⅲ) 的毒性,而且越酸的环境,对植物的伤害越大;在土壤有机质的作用下,可溶性 Cr(Ⅵ) 能还原成较难溶的 Cr(Ⅲ),这是其吸附或者整合作用导致的。所以,铬对植物的危害程度受土壤中有机质多少的影响。氧化和还原状态下,土壤中的铬的毒性有明显的差异,Cr(Ⅲ) 氧化成 Cr(Ⅵ) 在高电位的氧化—还原土壤中更容易发生,Cr(Ⅲ) 在还原性土壤中容易被黏土矿物固定,此外,Cr(Ⅲ) 在还原性土壤中还容易被铁铝氢氧化物所封闭。如果 Cr(Ⅲ) 浓度相同,那么相比于水田土壤,铬在旱地土壤中的含量明显要更高。植物根尖细胞的有丝分裂也受到铬的明显影响,对其萌发、发育产生抑制作用,在一定程度上,铬影响其矿物营养元素的吸收,对植物的光合作用和蒸腾作用产生干扰。但由于植物体内的铬迁移性较低,因此对植物生长的抑制程度较弱。植物体内铬浓度过高时,就会抑制植物叶片中限制性核酸内切酶的活性,同时被抑制的还有超氧化物歧化酶的活性,而与之相对地,则会激活过氧化物酶活性。在某种情况下,铬也会导致植物质壁分离的情况,改变植物细胞膜透水性,导致植物失水,对氨基酸和蛋白质的含量造成严重的影响,进一步影响植物体内梭化酶、抗坏血酸氧化酶及脱氢酶的活性,使其发生改变。

植物体内,铬的迁移能力是很弱的,这就导致了铬对植物产生的抑制作用也比较弱。植物体内重金属的迁移能力是有强弱之分的,从强到弱的排序为 Cd > Zn > Ni > Cu > Cr。通过排序可知,铬的迁移能力是最弱的,甚至 Cr(OH)$_3$ 几乎不迁移。

第六节　铜

一、铜的理化性质

自然界中的铜（Cu）的存在状态为一价或二价化合物，在矿物中多见一价铜，表现形式为氧化亚铜和硫化亚铜；在环境中多为二价铜离子形态。亲硫属性也是铜具备的特性之一，能够和硫、硅酸盐、氧化物和碳酸盐发生反应，生成较强的共价键，所以在自然界中比较常见的是以硫化合物和含硫盐矿物形式存在的铜。现阶段，含铜矿物在自然界中已经有170多种，地壳中铜的平均丰度为20~55 mg/kg左右，铜在我国表层土壤中的分布范围在1.2~62.1 mg/kg。土壤中的铜主要来自岩石的风化，属于铜的自然来源。岩石的风化既包括非成矿基岩和其他母质的风化，也包括矿岩石和伴生母岩物质的风化。除了自然来源，还有人为排放会导致铜的含量增加，例如：铜矿产开采过程中产生的铜；工业"三废"排放过程中产生的铜；长期大量使用含铜杀菌剂过程中产生的铜；等等。

二、影响铜在土壤中转化的因素

土壤全铜中有效态铜的比例为10%，在酸性土壤中的铜可以通过0.1%盐酸提取有效态铜，在碱性土壤中的铜可以通过DTPA溶液提取有效态铜。风、水和重力影响土体的固相和液相形态，从而对铜的迁移起到一定的作用。由此看来，铜的转化和有效性不仅受铜的形态的影响，同时受铜在固相和液相间分配的化学元素的影响。

铜的土壤化学行为还会受土壤pH的影响，具体体现在两方面，分别是吸附—解析平衡和沉淀—溶解平衡。一旦土壤pH发生变化，就会导致土壤中铜的溶解度、移动性和可给性的改变。具体来说，当土壤pH下降两个单位时，就会导致溶液中铜浓度增加一个数量级。土壤pH高于7就可以称为碱性土壤，碱性土壤中铜的可给性比较低；土壤pH低于7则为酸性土壤，铜在酸性土壤中的可给性较高，尤其是在pH低于5的土壤中，铜的可给性会大大增强。如果土壤pH变化幅度较小，比如数值由5上升到7，对土壤供给作物铜的能力影响则不明显。土壤的酸碱度决定着铜化合物的溶解度和铜吸附的能力。当pH较低，土壤酸性比较强的时候，层状硅酸盐则不能对Cu^{2+}产生明显的吸附力，这种情况下的Cu^{2+}的转化能力比较强，可以向$Cu(H_2O)_6^{2+}$转化；当pH较高，土壤碱性比较强的时候，这种情况下的 Cu^{2+} 会发生变化，水解并释放 H^+，交换性能明显降低。土壤溶液中铜的络合作用也会受土壤 pH 影响，土壤溶液的 pH 升高则会带动可溶性铜的络合程度的提升。

土壤中有机质的多少也会影响铜的可给性，从某种意义上来说有机质是铜的天然络合剂，土壤中铜的移动依靠土壤中有机质，有机质的类型和吸附物表面的性质决定着土壤中铜的移动。铜和有机酸分子结合会发生螯合或络合反应，将土壤中的 Cu^{2+} 溶解，使得土壤溶液中可溶性铜的存量明显增多。

铁锰氧化物和有机质在土壤中具有很重要的作用，能够控制土壤中铜的固定。铜是一种过渡金属元素，能够被土壤中铁锰铝氧化物或氢氧化物所吸附。土壤中各组分对铜的吸附能力是不同的，吸附力最强的是锰氧化物，其次是有机质、铁氧化物，黏土矿物的吸附能力则比较小。锰氧化物对铜的亲和力是比较强的，但是铁在土壤中的含量远远多于锰在土壤中的含量，这就导致了铜更多地与与富铁次生矿物缔合。铜离子与氧化物表面上的水合基（—OH_2）和配位羟基（—OH）发生作用，形成 Cu—O—Al 或 Cu—O—Fe 键，这是铜与铁锰氧化物作用机理的主要体现，化学吸附的能力深受晶格表面的羟基数的影响。

矿物表面电荷不同，土壤黏土矿物对铜的吸附特性也不相同。而 pH 对表面电荷有明显的影响，由此看来，吸附的铜离子的数量是 pH 的函数，矿物吸附铜的能力有赖于阳离子的交换量，吸附能力最强的是蛭石，吸附能力略弱一些的是膨润土，接下来是硅镁土，然后是高岭石和伊利石，三水铝石的吸附能力最弱。

铜的可给性也受到土壤中水分含量的影响，尤其是那些排水不良和渍水的土壤。土壤渍水后，土壤 pH 也会发生改变：在酸性土壤中，pH 就会出现上升的趋势；在碱性土壤中，pH 就会出现下降的趋势。pH 的改变会打破土壤中可给性铜的平衡，具体表现在两方面：首先，pH 发生改变，那么铁锰氧化物就会被还原出来，其中吸附的铜也会被分解出来，这时候土壤溶液中 Fe^{2+}、Mn^{2+} 含量明显增多，可以替代铜被吸附，就会大大提升铜的有效性；其次有机质也受到了渍水环境的影响，拖慢了其分解过程，对有机态铜的释放产生了阻碍，再加上 pH 在酸性土壤淹水后数值明显上升，从某种程度上推动了土壤对铜的吸附进程，与硫化物形成硫化铜沉淀。

土壤中铜的形态可以转化，这一转化过程取决于微生物，具体表现在以下方面：对有机质进行分解，从而释放出 Cu^{2+}；加快微生物组织的合成进度，对土壤中的铜起到固定作用；改变土壤 pH 和 E_h。由此看来，提高土壤中铜的有效性可以通过消毒杀菌来实现。土壤中根系分泌物可以和土壤中的铜络合，形成可溶性的有机态铜化合物，活化土壤中的铜。糖类、氨基酸、维生素、有机酸、酶等都属于土壤根系分泌物。

三、铜的危害

（一）铜对人畜健康的危害

人类和动物正常的生长发育需要铜这种微量元素，主要存在于脏器组织之中。一旦体内的铜超过一定的量，就会危害人体和动物健康。人体内的铜主要来自食物，一天的量为 $2\sim4$ μg，来自饮水和空气中的量是非常少的，一天的量在 3 μg 左右。一般来说，$100\sim150$ mg 是铜元素在成年人体内的正常含量，1.6 m/kg 是铜元素在成年人体内的正常浓度，80mg 是元素铜在成年动物体内的正常含量，2.4 mg/kg 是铜元素在成年动物体内的正常浓度。成年人正常代谢需要 $0.05\sim2$ mg/(kg·d) 的铜，实际上 0.08 mg/(kg·d) 就能满足人体所需。人体把铜排出体外的主要渠道是胆汁、直肠、尿液的代谢。动物的种类、动物的年龄以及铜的状态都会对铜在动物体内的分布产生影响，体内铜含量分布较多的部位是肾、肝、心、脑和毛发。外界的铜通过食物链进入体内，进而利用铁的作用被肠道所吸收。人体的生长发育也离不开铜，铜经过食物链进入人体内的量是很少的，不会对人体产生危害性。但是一旦人体缺乏铜或者是铜在体内超过一定的量就会危害人畜的健康安全。

某些蛋白质可以与体内的铜结合生成酶，这些酶起着催化剂的作用，促进一系列人体功能的实现。肝细胞及网状内皮组织细胞中储存了大量的二价铁，作为亚铁氧化酶的血浆铜蓝蛋白的主要作用是把这些二价铁转化为三价铁，蛋白质会与这些三价铁结合，进而生成三价铁的运载蛋白，主要负责给骨髓运送其所需的铁，这些铁是合成血红蛋白的主要成分，也对血红蛋白的合成起着促进作用。铜缺乏可能引起细胞和血红蛋白减少性贫血，引发"低血铜症"，进而引起铁代谢过程的相关变化。同时，脑磷脂的合成也需要铜，这是因为铜是脑超氧化物歧化酶的辅基。细胞色素氧化酶需要铜辅助传递电子，保障 ATP 的正常合成。如果发生体内缺铜的情况，细胞色素氧化酶的活性就会受到影响，也会导致 ATP 难以正常生成，不利于磷脂的合成，进而引发神经系统脱髓鞘，致使脑细胞代谢失常，危害人畜健康。多酚氧化酶的组成部分也包括铜，多酚氧化酶主要起催化作用，促进酪氨酸向多巴的转化，黑色素的生成来源于多巴。如果人畜体内出现缺乏铜的情况多酚氧化酶活性就会降低，阻碍黑色素，导致头发脱落，这种酶如果在体内完全不存在，就会引起白化病的生成。赖氨酰氧化酶发生作用也需要铜的辅助，如果体内缺乏铜，就会抑制赖氨酰氧化酶的活性，在骨胶原的稳固性和强度方面阻碍其原有功能的发挥，容易引发骨折、骨关节异常和骨质疏松症等病症。

吸收的铜越多，铜的毒性就会越大。因为金属铜具备很难溶解的特性，将其与铜盐比较的话，金属铜的毒性要更小。水溶性盐醋酸铜和硫酸铜是铜盐中毒性比较大的两类。重金属铜离子毒性是很强烈的，可导致急性铜中毒情况的发生，急性胃肠炎是急性铜中毒的临床表现，患有急性胃肠炎的中毒者口中会出现一股金属味道，同时伴有流涎、恶心、呕吐、上腹痛、腹泻等症状，甚至还会出现呕血或者黑便的情况。溶酶体的脂肪可与铜产生作用，溶酶体膜在这种作用下会发生破裂，会释放出大量的水解酶，这些酶会破坏肝组织，或是由红细胞溶血引发黄疸病症。除此之外，急性铜中毒还可能由呼吸道吸入氧化铜细微颗粒引起，吸入几个小时之后，就会出现发冷、发热状况，甚至出现39℃以上的高温，体内大量汗液排出，造成口渴、乏力、头痛、头昏、咽喉干、咳嗽、呼吸困难的情况，有些还会出现恶心呕吐、没有食欲的情况。如果长期大量吸入含铜的气体或摄取含铜量高的食物就会导致铜的慢性中毒，铜慢性中毒会引起神经系统损伤，造成记忆力减退、注意力不集中、神经衰弱综合征等；铜慢性中毒还有其他的表现，例如会损伤消化系统，进而引发消化系统方面的疾病；此外，慢性铜中毒还会引起心前区疼痛、心悸、高血压或低血压等心血管问题。

当铜在人体中的含量过量时，主要表现就是在人的肝内，铜的含量会数倍增加，人体对铜的摄取主要是靠红细胞来进行，而红细胞对铜的摄取是有限度的，当人的肝内铜的含量增长至一定限度的时候，也就是超过红细胞的摄取能力的时候，多余的铜就会突然释放到血清，如此产生的结果就是发生溶血。而铜引起人体溶血的原因有很多，下面介绍最主要的两种：一方面铜可以使红细胞的通透性大大提高，这是因为 Cu^{2+} 进入身体之后，铜会同人体内的血红蛋白、红细胞等产生亲和性，从而提高红细胞的通透性，进而发生溶血；另一方面，铜可以抑制谷胱甘肽还原酶，且能使细胞内还原型谷胱甘肽减少，以及铜会使血红蛋白变性，进而发生溶血。威尔森氏症（Wilson Disease）是人体内铜过量的表现之一，主要症状为胆汁排泄铜的功能发生紊乱，从而造成人体组织内铜的滞留。组织内的铜在肝脏内蓄积，会引起对肝脏的损害，进而出现各种类型的肝炎症状，如慢性肝炎、活动性肝炎。随着组织内的铜不断增加，会慢慢在别的器官发生铜的蓄积。例如，当铜在脑部发生蓄积的时候，会引起神经组织的病变，此时人体就会出现小脑运动失常，还可以表现出帕金森综合征；当铜在人体内近侧肾小管发生蓄积的时候，便会引起氨基酸尿、糖尿、蛋白尿和尿酸尿。

（二）铜对植物的危害

任何植物中都会多多少少含铜，一般来说，正常生长的植物中的含铜量在 5~20 mg/kg。植物的种类、生育期及植物所生长的土壤条件等决定着植物中含铜量的多少。事实上，植物在其不同的生育期，铜在其中的分布是有变化的，含铜量会随着植物的成熟而降低。因此，植物的幼苗期含铜量是最高的。另外，植物的不同生长部位其含铜量也有差别，具体来讲，铜主要分布在植物生长活跃的组织中，因此植物的种子及幼嫩的叶片中含铜量较高，老叶和茎中含铜量较低。铜在植物中的这两种分布趋势，依赖于土壤对植物铜的供给水平，当植物中的含铜量高时，铜在植物中的移动性就会增大，因此植物顶端的幼嫩叶片的含铜量会高于老叶；相反地，当植物中含铜量降低时，铜在植物中就会处于相对固定状态，无法再进行铜的分配，此时植物根系中的铜不容易进入新叶，因而造成植物中新叶的含铜量少于老叶。植物中的铜对植物的生长起着很大作用，关于铜在植物中的功能，可以归纳为以下六点：第一，铜主要与低分子量的有机物和蛋白质络合；第二，铜在植物的生理过程中，对植物的光合作用起着关键作用；第三，铜在植物的代谢中起着关键作用，如铜可以起到酶的作用；第四，铜可以影响植物木质部导管水的渗透，从而控制植物中水和养分的运送；第五，铜对植物的基因也起着重要的作用，它控制着植物 DNA 和 RNA 的复制；第六，在植物的抗病过程中，铜会参与其中，铜可以帮助植物增加抗病能力。

植物的生长过程中需要很多微量元素，铜便是其生长所必需的微量元素，当植物缺乏铜的时候，幼苗尖端的叶脉中会显得枯黄，逐渐变得干枯，进而脱落，以致整株植物萎蔫。虽然植物的生长离不开铜，但是过量的铜对植物来说是存在危害的。具体来讲，植物中铜过量时，首先铜会在根部积累，从而抑制植物对营养的吸收，特别是影响植物对铁的吸收，而植物缺铁就会抑制根部的生长，从而导致植物新生长的叶子变黄，老叶则会坏死、脱落或是产生色素，因此会严重影响植物植株的健康生长。

铜在植物各器官中的含量分布主要是由铜在植物内的运输决定的，具体来讲，铜在植物的籽实、茎叶及根系中的分配，是与植物的吸收率保持一致的。其中茎叶的吸收率最大，因此植物中铜的含量在茎叶中是最大的。其次是根系，而籽实对铜的吸收率大大降低，因此籽实中的铜的含量是最低的。植物的呼吸作用也有铜的参与，这是因为植物的线粒体细胞色素 C 氧化酶中含有铜。另外，质体蓝素是植物进行光合作用的电子传递链的构成成分，而叶绿体中含铜量很高，一方面这些铜是植物中质体蓝素的构成部分，另一方面，植物中这些铜还与铁卟啉辅助基结合，直接作用于叶绿素的形成。因此，铜可以提高叶绿素和其他植物色素的稳定性。

事实上，农作物中铜的含量与土壤中的含铜量没有相关性，这是因为当土壤中的铜到达一定浓度时，会对农作物产生毒性，而此时农作物因为受到铜的毒性的影响，其吸收土壤中铜的能力会受到抑制。由此可得出结论：在判断农用地土壤中铜的临界值的时候，一般根据农作物减产时的铜的含量为标准，而不是根据农作物的可食用部分中铜的含量进行界定。

第七节　锌

一、锌的理化性质

在天然环境中，锌（Zn）处于二价状态，它可以与有机络合剂氨基酸及其他有机酸络合，并且可以吸附在无机胶体和有机胶体上。土壤中锌的主要来源包括三种：第一种是存在于自然界的各种岩石中，其中锌含量最高是玄武岩和沉积岩，而砂岩、石灰岩中锌的含量较低，第二种是可以以独立的矿物形式存在，例如锌常存在于含铁、镁的造岩硅酸盐及铁的氧化物中，这是因为 Zn^{2+} 与 Fe^{2+} 等的半径相近；第三种是存在于工业"三废"中，这是因为人为排放锌主要集中在镀锌工业、机械制造业、汽车工业等行业，集中在开采含锌矿物、冶炼锌等的排放上。

二、土壤中锌的分布

土壤剖面中锌的含量、分布、地质风化不仅与土壤成土过程有关，还与土壤中有机基质、阳离子交换容量、黏土含量、铁锰铝氧化物含量、pH等因素有关。这些因素将影响土壤中锌的分布和迁移。土壤中有许多锌的载体，其中最重要的是腐殖质，它在土壤中锌的富集过程中起主要作用。由于腐殖质一般存在于土壤表层，因此锌主要分布在土壤表层。

事实上，锌在土壤中的迁移主要取决于土壤的pH，特别是在酸性土壤中，吸附在黏土矿物中的锌很容易被解吸。此时，不溶性氢氧化锌与酸反应生成 Zn^{2+}，因此可以看到锌很容易在酸性土壤中转移。

三、锌的危害

（一）锌对人畜健康的危害

虽然锌是人体和动物体所必需的元素之一，但是也不是越多越好的。人体和动物体对锌的需求是有一个限度的，超过这个限度就会对人体和动物体有害。人体中的锌主要通过人们对食物的摄取来获得，人体平均的含锌量为2~3g。人们通过食物摄取的锌在进入人体后，会随着人体的消化系统进入小肠，然后被吸收。锌在人体中被吸收后的结果主要有两个：一方面，一部分锌通过人体的肠黏膜细胞被转运到血浆中，并与血红蛋白等结合后，随着血液遍布于身体的各个器官；另一方面，锌经过在小肠中吸收后，会储存在黏膜细胞中，被慢慢释放。因此，锌在进入人体后，通过吸收、转运，大部分会集中在人体的肌肉和骨骼内，少量会集中在人体血液内。

当人体缺锌时，会引起很多疾病，如侏儒症、生殖器官及第二性特征发育不全、男性不育等。但是，当人体中锌过量的时候也会产生毒害作用，主要表现为胃肠道功能紊乱，严重者可由于胃穿孔引起腹膜炎、休克死亡。锌进入人体除了通过食物摄取，还有可能以烟尘的形态被人体吸入，而当人体吸入大量氧化锌烟尘后，就会造成人体锌过量，引起锌中毒，从而患有一种类似疟疾的发热疾病，这种发热是可以自行缓解的，称为金属烟雾热。这种疾病的发病原理一般认为是人体内核粒细胞在吞噬氧化锌烟粒后可以释放内源性致热原，进而刺激人体的体温调节中枢，此时机体就会表现为发热。当人患有金属烟雾热时，会感到全身乏力、口干、头痛，腹部有压迫感等，还会感觉自己口中有金属味，有的患者还会感觉恶心，腹部疼痛、肌肉酸痛、咳嗽、气短等，有的人也会出现呕吐的情况。另外，人体吸入大量氧化锌烟尘会对呼吸系统产生刺激，从而引起呼吸困难、缺氧等症状，患者面色发紫，氧化锌烟尘吸入肺中，还会造成支气管炎。既然氧化锌烟尘对人体有如此大的影响，那么当人体吸入的氧化锌烟尘达到多少时，会对人体产生上述危害呢？一般认为人体产生金属烟雾热时，锌的吸入量是 1 mg/kg，当人体吸入 10 mg 锌时即可发作，吸入 80 mg 锌以后，发作症状更明显。

（二）锌对植物的危害

锌是植物生长过程中所需的微量元素之一，一般来说，大多数植物中锌的含量为 10~100mg/kg。锌一般分布在植物的根部，并以锌离子的形式被植物吸收。植物的根、茎、叶中都含有锌，锌均匀地分布在这些组织中，并在一定程度上以有机螯合的形式被植物吸收。另外，锌也可看作植物酶的金属活化剂，因为它参与叶绿素和生长素的合成。

　　土壤中过量的锌也会损害植物。锌对植物的毒性主要表现在它会损害植物的根系。此外，它还将抑制植物侧根的发育，以减少根系生长并抑制植物生长。随着植物的根系，锌会扩散到植物中，导致叶片呈淡绿色和黄色，光合作用和蒸腾作用减少，从而使植物的植株变得矮小，植物生物量减少。锌污染也会导致植物细胞死亡，这主要是因为锌会拮抗植物中的其他养分，锌过量会抑制植物根部在土壤中的生长，从而造成植物死亡。具体来讲，植物的根部受到抑制，无法生长的时候，就会减少植物对其他养分的吸收，例如会抑制植物对磷、钾和铁等必需元素的吸收，使这些营养元素无法达到植物生长所需水平，从而使植物生长受限。出现锌污染时，植物之所以会表现为叶片不呈现绿色，是因为锌的含量会影响植物中铁的代谢，铁是植物中产生叶绿素所必需的元素，因此锌毒性会抑制植物叶绿素的产生，从而影响植物的光合作用，进而导致叶片颜色有异。

第三章　农用地土壤重金属污染现状

本章主要讲述农用地土壤重金属污染现状，分别从四个方面展开论述，依次是农用地重金属来源及其环境行为、农用地土壤重金属有效性的影响因素、农用地土壤重金属污染的特点、农用地土壤重金属污染状况分析。

第一节　农用地重金属来源及其环境行为

土壤中重金属的来源主要包括自然因素和人为因素两个方面。第一，在自然因素中，成土母质和成土过程对土壤重金属含量有重要影响。第二，人为因素主要是工业、农业和运输对土壤造成的重金属污染，现代人类大量的生产活动是重金属污染物进入土壤的主要原因。

一、来源分析

（一）土壤重金属来源途径

世界各地的农用地都存在着重金属污染的情况，主要的重金属污染的类型集中在 Pb（铅）、Cd（镉）、Hg（汞）、As（砷）等。具体来讲，日本和印度尼西亚主要是受到重金属 Cd、Cu 和 Zn 的污染；澳大利亚主要受到 Cd、Pb、Cr、Cu 和 Zn 的污染；北希腊和阿尔及利亚主要受到 Cd、Cu 和 Pb 的污染。而在我国，农用地土壤的重金属污染主要以 Pb-Cd-Zn 复合污染为主，而且 Pb-Cd-Zn 复合污染根据地域不同，其污染程度也不同，从南北分布来看，南方土壤的污染程度要比北方土壤污染严重。我国南方的土壤重金属污染情况，西南和中南地区农用地重金属污染超标较严重，另外湖南和广西的农用地重金属污染问题也较突出。

土壤重金属污染受到人类活动的影响很大，从这一层面来讲，土壤中重金属的来源主要可分为污水灌溉、大气沉降、农药化肥、固体废物四个方面。

1.污水灌溉

农田利用污水进行灌溉，已有近一百年的历史。废水处理技术在美国、以色列等国家比较成熟。然而，长期的污水处理也会增加土壤污染，并超过农产品中重金属的标准。研究表明，使用废水进行多年农业灌溉后，表层土壤和作物中的铜和锌重金属含量显著增加。国外研究者通过采样和分析渠道水中土壤和植物（大麻、豆类、玉米、辣椒和甘蔗）中重金属 Cu、Zn、Pb 和 Cd 的含量，发现铁杉中重金属含量远远高于标准值，其他植物的含量也很高。研究人员进行了长期使用城市污水对农业土壤中黑麦草重金属含量和产量影响的实验研究。结果表明，黑麦草中 Cd 含量远远超过其作为动物饲料的标准。研究者还通过对塞浦路斯长期使用污水灌溉的黑麦草和柑橘园进行采样和分析，确定土壤中的重金属含量不仅很高，而且黑麦草和柑橘中也有一定的积累。

在我国，农用地重金属污染的历史可追溯到 20 世纪 50 年代至 60 年代初，研究证明，使用一级污水，回收利用进行农用地灌溉并不会给土壤造成严重污染。然而，随着经济发展，城市化进程的加快，工业废水和城市生活污水逐渐增多，在农用地灌溉用水日益紧张的情况下，工业废水和城市生活污水就成了农用地灌溉用水的补给对象，而且这种现象在我国局部地区已经成为主流，更甚者，这些污水在没有经过任何处理的情况下，就被利用到农用地灌溉中，这种做法产生的直接后果就是土壤中重金属超标，造成农用地重金属污染严重。

我国北方的典型的灌溉区包括沈阳张士、北京东郊和东南郊、北京凉水河、天津武宝宁灌区、西安灌区、宋三灌区等，这些灌溉区的土壤中均存在铜、锌、铅、铬等重金属不同程度的污染，甚至有些灌溉区由于土壤中重金属的严重超标，已经无法作为农用地使用了。我国北方某污水灌溉区，位于我国最大的石油污水区，该地区早已展开了污水修复工作，主要以生物修复为主，走技术路线，对石油污染区的土壤进行修复。

重金属含量通常在亚黏土中最高，其次是亚砂土，在粉砂中最低。在灌溉区的亚黏土中，重金属主要富集在土壤表层，如果 pH > 7.5，则表明重金属主要处于氧化物结合态和残留状态，此时就会使重金属的毒性降低。一些研究人员收集和对比分析了某养猪场周围清洁农田的土壤表层土和猪场灌溉 8 年的废水区的土壤表层土，结果表明，猪场废水是土壤中镉和砷的主要污染源。另有研究者通过对某长期灌溉电池废水的灌溉区麦田土壤样品的分析，发现土壤中镉、镍、锌、铜的含量分别是国家二级标准的 209 倍、35 倍、12 倍和 3 倍，这在我国农用地灌溉区实属罕见。

2. 大气沉降

大气中的重金属主要来自能源燃烧、运输和金属冶炼等生产活动。大气中的重金属通过沉降进入农业土壤中，这也是土壤中重金属污染的重要方式之一。影响大气沉降量和速率的因素主要包括排放源、与排放源的距离及采样点的气象条件，如盛行风向、风频率等。近年来，大量研究表明大气沉降是农业区生态系统中重金属的重要来源。除汞外，能源、交通、冶金等生产活动过程中所含的气体和粉尘中的重金属基本上以气溶胶的形式进入大气，通过自然沉降和降水进入土壤。污染程度与重工业的发展、城市人口密度、土地使用和交通直接相关。

城市车辆对重金属污染的"贡献"体现在，汽车废气中的各种有毒有害物质通过大气沉降造成对土壤的污染。目前，先进技术使得重金属污染物和车辆废气中其他污染物正在减少。但是，由于车辆数量的大量增加，车辆排放的废气总量却在大幅增加，从而总体的污染物也相应增加。

3. 农药化肥

20 世纪 50—70 年代，我国农业中使用的农药主要为砷酸铅、汞制剂等无机类农药，而且对这类农药的使用具有使用时间长、用量大的特点。这类农药的残效期长，在环境中很难降解，这是造成我国许多地区土壤重金属含量超标的重要原因。

此外，近年来，中国的畜牧业和家禽养殖发展迅速，饲料广泛。饲料中含有微量重金属不会被动物和家禽吸收，此种情况下，重金属会随着家畜和家禽的排泄而排出体外，而家畜和家禽的粪便又会作为肥料施用到农用地土壤中，这种肥料会造成土壤污染。随着农业的发展，表层土壤中 Zn、Cu、Pb 的含量呈上升趋势。大量重金属含量高的有机肥料，也是农业地区土壤污染的重要原因。

国际研究人员报告称，磷肥中含有镉，因此将其施用于土壤中将不可避免地增加土壤中的镉含量。有人研究了不同氮肥对 Cd 的累积效应，发现硝态氮在水稻的各组织中，具有最高的 Cd 含量，铵态氮在水稻的各组织中，具有最低的 Cd 含量。通过施肥将镉注入土壤的速度因地区而异，这种差异取决于施用磷肥的区域的地理位置、磷肥的生产技术和施肥量。

4. 固体废物

固体废物在陆地环境中的堆积及不合理处置，将导致重金属污染物以辐射状、漏洞状向周围土壤、水体扩散，直接引起周边土壤中污染物的积累，进而引起动植物等生物体内污染物的积累。固体废弃物的主要来源是化学原料、各种金属冶炼、非金属矿物的加工及 IT 产品制造业、垃圾填埋场等。

有色金属开采、选矿过程中产生的废石、废渣、废弃矿渣的风化和淋洗都可能导致各种重金属元素的释放、迁移，进而致使其在矿区及周围土壤中累积。土壤中重金属的积累主要在 0~2 0cm 的表层，每 1 m² 耕作层（20 cm 深）内 Cd 的库存量为 0.3kg~1.5kg，占全剖面（1 m 深）Cd 总库存的 50 % 左右。国外学者以一家废弃的铅锌矿厂周围的菜地作为研究对象，发现蔬菜含有一定量的重金属，而蔬菜的摄入对人体健康的影响，也进一步表明土壤污染问题的复杂性和严重性。土壤中重金属含量升高是矿区土壤受污染最明显的标志。因此，不可忽略重金属的富集现象对农用地土壤的影响。

中国是 IT 产业名副其实的世界工厂，世界上一半左右的电脑、手机和数码相机产于中国，重金属排放因而备受关注。我国浙江台州温岭、广东清远龙塘等地的电子垃圾拆卸场周围的土壤出现严重的重金属污染，电子废物拆解作坊房前屋后的农用地土壤受到了不同程度的重金属污染。一般来讲，电子废弃物的焚烧所排放的烟尘，会经过大气沉降对土壤造成污染，这种情况造成的污染主要是土壤中 Cu、Pb、Ni 和 Zn 的污染。而电子固体废弃物酸洗废水径流及电子固体废物长期堆放淋溶所造成的土壤中枢污染主要是 Cd 和 Hg 的污染。

（二）土壤重金属污染源解析方法

我们已经了解到土壤中重金属的含量对植物的作用。我国作为农业大国，耕地面积排名世界第三，因此农用地的重金属污染是关系国计民生的大事，我国研究者早已展开了对农用地重金属污染的研究。要想治理一个地区的农用地重金属污染情况，必须展开对重金属的来源的研究，其中最重要的是对重金属的来源进行解析。目前，用来区别土壤重金属污染来源的方法主要包括重金属化学形态分析、剖面分布、多元统计、Pb 同位素示踪法等。下面将详细介绍这几种方法。

1. 重金属化学形态分析

早在 1958 年人们就提出了重金属形态的概念，但国内外的学者对重金属形态的概念有着不同的解释。外国研究者认为，化学形式是指特定环境中元素的分子或离子形式。化学形态可概括为价态、化合态、结合态和结构态。重金属的形态分析实际上是测定和表征环境中重金属的物理和化学形态的过程。通过元素的化学形态分析，我们可以评估土壤中重金属污染物的来源是自然还是人类活动。不同形态重金属的相对分布取决于重金属总量。

事实上，重金属进入土壤后，目前来说主要是以五种形态存在的，分别是碳酸盐结合态、铁锰氧化物结合态、有机硫化物结合态、残渣态，以及可互换态。

国内外研究者在土壤中重金属形态的问题上做了很多研究，例如国外研究者对以色列的某条公路旁的土壤进行了分析，主要是对土壤中的 Pb 进行了分析，当研究者对土壤中 Pb 进行提取后，发现土壤中自然来源的 Pb 主要的存在形态是以铝硅酸盐和铁氧化物结合态存在的，碳酸盐结合态和有机物结合态含量较少，而人为污染源的 Pb 同它相反。外源 $CuSO_4$ 加入土壤后，土壤水溶性铜和交换性铜含量显著增加；外源 CuO_4 进入土壤后，土壤中氧化物结合铜含量显著增加；污泥中添加重金属铜后，再将污泥加入土壤中，有机物结合铜含量则会显著增加。

2. 重金属元素剖面分析

从土壤的剖面可以看出，土壤表层主要是外源重金属的富集地，并且这些重金属较难向下迁移。由此可知，对土壤元素异常成因的判别，可以以土壤浅层和深层的元素含量的关系为依据。举个例子，可以利用土壤 A 层与土壤 C 层中微量元素的比值，来讨论人为活动对土壤污染的影响，这种方式可以消除在分析土壤重金属污染来源时，土壤质地对分析结果的影响。

3. 多元统计法

在土壤重金属污染来源的解析方法中，可以说多元数据统计法占据重要的地位，这种方法具有很大的优势。多元数据统计法除了能有效地确定土壤中重金属数据分布中的共同模型，还能减少初始数据的数量，这样就能使人们在对土壤中重金属的分析进行数据解释的时候，变得更加容易。另外，利用多元统计法进行土壤中重金属元素的分布规律及组合特征的研究，可对异常成因的解释推断起到重大作用，并且能够区分自然源和人为污染源。

常见的多元数据统计法主要包括以下方面。

（1）相关性分析

相关性分析法的优点是能够分析两个或两个以上具有相关性的变量因素，进而对两个或两个以上变量因素之间关系的密切程度进行衡量。

（2）主成分分析

主成分分析法实际上是把多个指标转化为少数几个综合指标，进而进行统计分析。

（3）因子分析

因子分析法是主成分分析的延伸和发展，是指将多个变量转化为少数几个因子，这种方法可以再现原始变量与因子之间的相关关系。

（4）聚类分析

聚类分析法又称为群分析，它也是研究土壤重金属来源的常用方法，这种方法实际上是指将样品进行分类，这里的"类"就是将相似元素进行分类集合的意思。

4.Pb 同位素示踪法

Pb 的同位素中由 238U、235U、232Th 分别衰变而来的终产物 206Pb、207Pb、208Pb 的丰度变化非常强烈，而且主要由矿石来决定其丰度的大小变化。Pb 的两同位素——204Pb 的丰度稳定在 1.4 %，是最小的，而且是非放射性的。

铅同位素在次生中，不容易发生改变，这是由于它的质量大，在同位素间质量差比较小，这一点和轻同位素（H、S、O、C 等）是不同的，铅同位素在受到所在系统的温度、pH、压力等的作用也不会轻易发生变化。铅同位素之所以能够有特殊的"指纹"特点，主要是由于铅同位素组成的影响因素主要是源区初始的铅含量、放射性铀及衰变反应，其形成后的地球化学环境对其组成基本没有什么特殊的影响。

到目前为止，土壤中重金属的溯源，主要根据 206Pb/207Pb、208Pb/204Pb、207Pb/204Pb 和 206Pb/204Pb，这四种铅同位素比值进行。铅同位素标记特征的不一样，是因为铅同位素在不一样的环境介质中形成的时间、形成的环境、物质来源等不同。

人们身体健康受到危害，主要是由于人们长期使用铅和铅的自然释放，如电池加工、煤炭的燃烧使用、工业废物的焚烧等，再加上全球使用 Pb 作为抗爆添加剂添加到发动机汽油当中。这种污染作用于土壤的表层上直接影响了人类的食物品质和生存的环境。我们从上述说明中可以看出，铅的主要污染来源是工业排放和含有铅的汽油和煤炭燃烧。对于土壤样品主要污染来源的分析可以从这些铅同位素的比值和铅同位素在所调查的土壤物源物质中的比值来进行对比研究。

传统地学领域中有关铅同位素示踪技术主要应用主要是岩石学和矿床学，相对来讲对于土壤中铅同位素示踪的相关研究略微晚一些，土壤所具有的横向、纵向分布存在各端元物质贡献不稳定、不均一的铅同位素组成及端元物质的复杂性来源等特点。

二、环境行为

（一）农用地土壤重金属环境质量

1. 土壤环境背景值

（1）我国土壤元素背景值

土壤环境背景值亦称土壤自然本底值，反映土壤环境质量的原始状态，是土壤形成的漫长历史过程中受气候、母质、地形地貌、生物、时间等成土因素综合作用的结果。实际上要找到绝对没有受到人类影响的土壤是非常困难的，所以一般所指的土壤环境背景值只能是一个相对的概念。在环境学科中，土壤背景值是指在未受或很少受人类活动影响，尚未受或很少受污染和破坏的情况下，土壤中各元素和化合物的含量，其大小因时间和空间的变化而不同，是一个范围值。了解和调查土壤环境背景值是非常必要的一项工作，我们可根据背景值判断大部分土壤的使用和污染情况，对于污染严重的土壤应予以关注和警示。

我国于 20 世纪 70 年代开始进行土壤环境背景值的调查研究，已发表的《中国土壤元素背景值》记载了全国 30 个省、市、自治区（不包括中国台湾）和 5 个沿海城市、41 个土类采集、4095 个土壤样品、61 个元素的背景值，并有《中华人民共和国土壤环境背景值图集》等重要资料。美国、英国、日本、罗马尼亚等国家也进行过类似的调查，相较之下，我国土壤各主要元素环境背景值总体上化学组成比较稳定，大体上和美国、日本、英国土壤的背景值在数量级上是一致的，含量水平相当，土壤化学元素之间可比性较高；同时，我国的土壤环境背景值研究比起其他国家涵盖范围更广，背景值数据包括了 Te、In、Ge、Sn、Sb、Bi、Ag、Hf、Li、Rb、Cs、Be、Sr、B、W 等。与日本、英国土壤相比，我国土壤中的汞、镉含量明显偏低，与日本、美国土壤相比，铬、铅含量较高。而在我国各省中，云南省、四川省、贵州省、福建省和广东省均是铅背景值的高分布区；西南部、西部地区铜背景值有较高的分布。

土壤元素背景值是环境土壤学的一项基础性研究工作，利用土壤元素背景值，可以为制定土壤环境质量标准提供依据，可以确定土壤环境质量基准值，还可以预测和推算土壤有效态元素的含量，等等。

（2）我国农用地土壤重金属空间分布概况

我国农用地土壤重金属含量分布特征明显。我国西南部地区土壤重金属富集程度明显高于其他部分地区，另外广东、广西也比较富集；从不同重金属各自的分布上看，我国区域土壤的铅、锌含量在空间分布上相似，铜的高分布区主要在我国北部，其他重金属在我国南部土壤中含量较高，各区域土壤重金属的富集程度和类型主要受到当地工业发展和农业活动的影响。

结合各省农用地土壤重金属含量的平均值和土壤元素背景值，从超出背景值的重金属含量分布看，铅在广西、四川、辽宁和云南土壤中含量超过背景值较多，与背景值相比超过一倍，镉这种元素在很多省份土壤中的含量超过了一倍的背景值，当然也有部分省份没有超标，如苏州、上海等。另外，铜这种元素在一些省份如广东和辽宁的土壤中的含量都超过背景值二倍；同样超过背景值二倍的还有广东、四川土壤中的锌这种元素。

铬在全国各区域浓度基本不高，只有福建省土壤铬含量超出背景值二倍以上。总体上看，镉的富集最为严重，其次是铅、铜、锌等；云南、广东、辽宁等地是土壤重金属富集较多的地区。

（3）土壤环境背景值实际应用

在土地资源评价、环境监测与区划、国土规划、环境管理等方面主要依靠土壤背景值研究所取得的宝贵基础资料，进而广泛应用。同时，土地背景值研究也是环境科学中最基础的一项研究工作。在我国环境影响评价、土壤污染防治、区域环境质量评价等方面，从 20 世纪 70 年代我国展开土地背景值调查开始就已经取得了非常好的效果。

①土壤环境背景值分区

A. 分区目的

研究土壤背景值分区的目的是在生产生活中利用土地背景值研究中所取得的各种基础科学资料，保护土壤环境和为各种产业合理布局及国土规划、环境评价提供更科学的依据，这也是土壤背景值研究工作的深层意义。

B. 分区原则

由于土壤类型、水文地质、气候、土地利用方式等很多方面的因素都会对土壤元素环境背景值产生影响，因此在研究土壤环境背景值分区的时候必须考虑到多种影响因素作用下的综合结果，需要进行综合性的考量。

土壤环境保护对策是由土壤环境区内背景值含量的一致性决定的，同时分区是为了根据区内相似性和区间差异性制定对策和措施，所以，我们就知道了为什么一致性和区间差异性原则成为土壤背景值分区的基本原则。

C. 分区单位命名原则

一级地区：地理位置名称＋土壤背景值；

二级地区：地貌名称＋最低或最高背景元素名＋背景地区。

②利用土壤环境背景值制定土壤环境标准

土壤环境质量标准是具有法律性的技术准则，与单日的建议限制浓度不同，它是环境法规的一部分，主要以维护人体健康和保护土壤环境为主要的依据，是对土壤环境中有害物质的限制和制约。

随着土壤环境的问题日益受到各个国家和世界组织的重视，全球众多国家的环境保护部门都制定了一些政策专门针对某些重金属和有机物，尤其在这些年，各国都非常重视土壤环境标准的测量和研究工作。目的是保护人类赖以生存的而且是不可再生的生存资源，阻止土壤的继续恶化，对土壤环境进行科学的防护。即使80多个国家都制定了大气和水的环境保护标准，但对于土壤仍然缺乏完善统一的环境准则，主要原因是：第一，土壤的非均质的复杂体系和其他流体环境不同，它受到地区、类型间自然差异和五种成土因素的影响；第二，土壤有害物质的迁移转化和毒性方面表现出显著的差异，这是由于土壤的物理、化学性质不同。这两方面困难导致土壤的环境标准在国际上未能制定。

生态效应方法和地球化学方法是当今国内外研究土壤环境标准的两类方法。

生态效应方法：土壤卫生学和土壤酶学指标方法；食品卫生标准方法；作物生态效应方法；人体效应指标方法；综合生态方法。

地球化学方法：主要利用土壤元素地球化学背景值和高背景值来推断土壤环境标准的方法。

③土壤背景值与微量元素肥料的施用

我们之所以依靠土壤元素背景值的资料作为农业生产施肥的依据，主要是因为土壤微量元素是土壤养分供给和储备的重要量度，它基本是保持不变的。在土壤供肥潜力和自身肥力方面除人为因素外，土壤元素背景值是非常重要的表征。

在农业生产中农作物的产量和土壤中微量元素的供给有关，比如植物生长中不可缺少的土壤营养元素——锌元素和铜元素。土壤品质的下降主要和土壤中微量元素的有效态含量有关，而与土壤背景值没有很直接的关系。

2. 土壤环境容量

在一定时间和一定的土壤环境单元内所遵循的土壤环境质量标准，也就是土壤负载容量，叫作土壤环境容量。环境系统污染不超标是土壤环境容量适合的前提，同时还要保证农作物的生物学在土壤生态系统平衡状态中的产量与质量。在一定范围内，掌握土壤环境容量可确定土壤污染与否的界线，可根据土壤环境容量对污染物排放量提出限量要求，使污染的防治与控制具体化。考虑到土壤元素背景值是土壤中已经容纳的量值，以及土壤环境具有自净作用与缓冲性能，在实际工作中，土壤环境容量可表示为：土壤环境容量＝静容量＋动容量。

其中，静容量是指土壤污染物的基准含量（土壤背景值）和最大负荷量（土壤环境所能容纳污染物的最大负荷量）之差；动容量是指土壤污染物累积过程中，土壤通过一系列自净过程所能净化的污染物数量。不同土壤的环境容量是不同的，同一土壤对不同污染物的容量也是不同的。

（1）土壤环境容量的确定

①土壤环境容量的确定依据

土壤环境的缓冲和净化功能都属于土壤的环境特征，它决定了土壤的环境容量，也就是土壤对各种各样来源的污染物的容纳能力

A. 土壤环境的净化功能

环境系统与土壤相互的转化与迁移是实现土壤环境净化的主要途径，土壤生长的作物的生态效应与自身的生物过程和土壤环境系统的特点息息相关，土壤环境的净化功能也是对土壤环境物质之间转化与迁移的具体实现方法。

土壤环境系统是地球表层环境系统中一个全方位开放的子系统，污染物也可从土壤环境向空气、水等环境进行输出"净化"，也可以通过空气、水途径输入土壤环境。

土壤各层固、液、气等物质的相互制约和相互影响是由于土壤环境系统是一个具有复杂性质的多孔环境结构体系，它由多种物质多层次组成。

通过物理、生物、化学等方法的迁移和转化是土壤环境系统进行溶解、沉淀、吸附等途径的主要原理，土壤环境的物质和条件制约着污染物进入土壤环境之后的缓冲和净化。

土壤环境系统中包含丰富的土壤生物（植物、土壤微生物、土壤动物），土壤净化的主要净化过程包括植物对土壤污染物的迁移与转化，这是生物性的。同时，一些微生物和动物在土壤中也可以对污染物进行相应的降解，也是确定土壤环境容量的主要机制。

B. 土壤环境的缓冲性能

土壤环境对污染物的缓冲定义为土壤因水分、温度、时间等外界因素的变化，抵御其组分浓（活）度变化的性质。土壤环境具有一定的缓冲性：以各种途径进入土壤环境的污染物，可通过土壤稀释和扩散降低其浓度，减少毒性；土壤环境能将污染物转化为不溶性化合沉淀物，或使其被土壤胶体吸附，暂时脱离土壤中的生物循环过程；土壤环境可使污染物经挥发和淋溶，迁出土体。

②土壤临界含量的确定依据

如今，土壤临界含量的获取方法主要是利用土壤中物质的剂量效应关系，采用可食用部分或剂量植物产量的卫生标准来考量。

（2）影响土壤环境容量的因素

环境效应、人为因素、土壤类型、作物和土壤生物生态效应等很多方面的因素都会影响到土壤环境的容量。

①土壤类型的影响

一般来讲，相似的土壤环境容量也具有相似的土壤类型；相似的土壤容量不一定具有相同的土壤类型，有可能是因为土壤组成相似。同时，土壤的缓冲性能与净化性能受到土壤物质、水热条件制约，不同的环境背景值和地球化学背景，其土壤类型也是不相同的。

②污染元素与化合物特性的影响

土壤环境系统中污染物的化学行为主要受两方面因素影响。一种是外部因素，即土壤环境因素导致污染物迁移转化；另一种是内因，即污染元素和化合物的特性。土壤环境基准的重要依据主要是污染物的化学行为。

污染物在土壤中的特点、迁移转化的结果及形态是影响污染物的化学行为的主要方面。

③作物和土壤生物生态效应的影响

土壤微生物、动物的构成和土壤作物的产量品质，受到外源物质进入土壤的影响，而农作物和土壤生物是土壤环境中物质的吸收固定、生物降解、迁移转化的主力，是土壤生物净化的决定性因素。可通过考察不同浓度污染物对土壤生态系统中各种生物的生理、生态、生物量的影响，以及污染物在生物中的残留累积量，来考虑生态效应对土壤环境容量的影响。

④环境效应的影响

环境效应是地球表面环境系统中污染物对其的综合影响及土壤污染物的累积，环境效应保证了大气和水资源不受到土壤污染物的输出影响，也保证了土壤正常的生态系统中的功能与构成。

⑤人为因素影响

人为因素也会对土壤环境容量产生影响。例如：长期施用化肥可引起土壤酸化，使土壤净化能力降低；施以石灰可提高土壤对重金属的净化性能；等等。

（3）土壤环境容量的应用

在土壤污染物预测和土壤环境质量评价、制定土壤环境标准和农田灌溉用水和水量标准中土壤环境容量发挥着巨大的作用。另外,在防治土壤重金属的污染和控制重金属污染总量上也有很重要的应用。环境容量管控无论在正常土壤环境质量管控还是问题土壤环境的利用方面都非常适用,它是在土壤环境质量保护和农产品清洁生产过程中对重金属负载容量的全程监测和控制。

①预测土壤重金属污染状况

污灌区主要的科学依据一般来源于对一定年限后土壤污染程度与重金主含量的预测,这是制定污灌区的污水利用标准和污染防治的决策的重要部分。更大程度地预测土壤重金属污染状况的首要条件就是建立土壤重金属环境容量数学模型。土壤的环境动态容量由重金属在土壤作物系统中的循环与平衡决定。土壤环境的容量主要由输入项,即大气降尘、污水灌溉等,输出项,即土壤金属污染物的输出和土壤淋溶渗透,以及固有项土壤环境背景值决定。土壤中重金属污染物的输入和输出差值决定了耕种层中重金属净累积的限定值。

土壤重金属污染越来越严重主要是由于整个土壤作物系统是一个既有开放性输出循环又有重金属输入的系统,已经进入土壤中的重金属随着污灌年限的增长很难被彻底降解和净化。重金属污染最大限值的制定很严格,因为土壤重金属的恢复治理难度很大,且本身重金属在所有土壤污染中的潜在危害也极大。我国汞、铅最大限制分别为 0.25 mg/kg 和 56 mg/kg,这采用的是山西省农用地土壤环境质量标准相应的限值。根据土壤环境容量模型,就可以计算出不同区域的最大污灌年限。

②制定区域农灌水质标准

我国分别于 1992 年、2005 年、2021 年对《农田灌溉水质标准》进行了修订,为主要就是为了控制污水灌溉对农用地土壤的污染。虽然实施此标准对控制污灌对环境的污染有很好的效果,但是由于我国自然环境条件和土壤性质较为复杂,再加上土地辽阔,因此在不同区域即便是同一浓度的污染物,它的毒性、转化和迁移都不相同。所以,如果全国都使用一个标准,就很难针对不同类型污水灌区进行控制,将会造成浪费土壤和加快污染等不良后果。

根据以下算式我们可以通过获得土壤重金属的环境容量参数,计算出具体某一地区的农田灌溉水质标准。

$$C_i = \frac{Q - R - F}{Q_w} \tag{3-1}$$

式中 Q——土壤某元素的变动容量,g/(hm^2·a);

R——干湿降尘输入某元素的量，g/（hm^2·a）；

F——施肥输入某元素的量，g/（hm^2·a）；

Q_w——污灌水量，m^3/（hm^2·a）。

③进行污水利用区划

污水处理的重要形式就是污水灌溉，同时利用污水进行灌溉也是增加农业产量非常有效的途径——最大程度缓解农业用水紧张。在保证灌溉区环境不受破坏的前提下，对污灌区污水进行合理科学的区划，进而最大程度利用城市污水资源，实现环境与经济的协调发展、水土资源的合理利用。因此，获得污灌区土壤重金属环境容量参数，可以科学地指导污水利用的区划。

3. 土壤环境质量

土壤质量是反映与衡量土壤资源与环境功能、变化状态的综合指标，它是指土壤整体或特定的功能的总和。在土壤天然生态系统和人为控制的系统中土壤是为了保证人和动植物的健康、正常的生产力及其他环境生态问题所维持的正常能力。土壤的质量除包括土壤环境保护和作物生产力之外，还包含所有动物植物的健康保障。如果我们进行归纳总结，可以总结为健康质量、环境质量及肥力等方面，他们共同决定了土壤的质量，并且相互依存和影响。但是，对于土壤环境质量的调查和监测才是环境土壤相关研究中的重要研究方向。

土壤环境质量最重要的表现之一就是土壤可降解、容纳各种环境污染物的能力。土壤环境质量决定了土壤的"优劣"是在一定的时间空间内对人类或其他生物生存、生活及经济发展的"适宜性"的判断，是对土壤可持续利用程度和自身性状的概念。可以说，土壤环境是其他环境条件的度量。土壤环境的质量直接影响到大气、水等其他环境。因为如果土壤受到污染和破坏，在修复的过程中一定对其他环境产生一定的危害，所以提升土壤环境质量水平非常重要。

（1）我国土壤环境质量及土壤重金属污染概述

随着我国社会经济发展及工业进程的不断深入，土壤环境质量受到了间接污染源和直接污染源不断增加的严峻挑战。

工业方面，在企业生产过程中产生的各种废气、废水、废渣等在没有按照规范处理的情况下一定会对土壤环境造成污染；农业方面，土壤中所吸收的农作物农药，会直接进入土壤被吸收，进而造成土壤污染。我国地域辽阔，虽然是农业大国，但耕地资源比较匮乏，土壤资源承载力已经超过其合理的人口承载量。由于经济的发展，工业生产中重金属行业的生产力日益增强，使得我国重金属的土地污染指数逐年增高。含有重金属的农药和含有重金属的化肥的使用，尤其在市区周边和工厂周边的农田，重金属对于土壤的污染现象非常突出，对我国粮食产量造成了较大的影响。

相关研究表明，我国目前耕地面积的六分之一，也就是大约 $2 \times 10^7 \mathrm{km}^2$ 的范围内都受到了铅、铬、砷等重金属的污染。根据每年我国农业农村部的调查数据显示，每年因为重金属污染造成的粮食经济损失超过 200 亿元。土壤的污染很难得到恢复，会造成整个食物链的污染，从而使人体健康受到很大的影响。土壤污染涉及的问题很多，如生态破坏、粮食危机、水土流失等。

2000 年农业农村部对全国 24 个省（市）320 个严重污染区土壤调查发现，大田类农产品污染区农田面积中，重金属超标占污染土壤和农作物的 80 %，特别是采矿区和冶炼区周边及部分城郊地区，这些区域农用地土壤重金属的含量较高。生态环境部对农田保护区土壤重金属含量进行了抽测，结果表明，重金属超标率高达 12.1 %。根据长江中下游农用地土壤——水稻系统中重金属的定位监测数据统计，发现十年间稻米镉超标率显著增加。大致上来讲，我国耕地的土壤重金属污染概率约为 16.7 %，农用地土壤重金属污染等级类别中，轻污染、中污染、重污染比重分别约为 14.5 %、1.5 %、0.7 %；土壤重金属元素中，镉污染概率最高，锌、铬和铜发生污染的概率较小；我国耕地重金属污染的多发区域主要集中在以辽宁和山西为代表的重要农用地土壤污染地区，以及广东、河北、江苏等 14 个省市自治区。

（2）土壤环境质量标准的发展

土壤环境标准体系是土壤环境监管的重要内容，是实施土壤环境监管的重要工具，也是识别筛选土壤污染风险的重要依据。

我国于 1995 年发布《土壤环境质量标准》（GB 15618—1995）（2018 年 8 月 1 日废止），该标准适用范围涵盖我国包括自然保护区、林地、果园、牧场、农田、茶园、蔬菜大棚等地在内的所有土壤质量标准。在该标准中，根据土壤的性质、功能、保护目标，将其划分为三类：I 类多指水源地、部分牧场和茶园，以及其他自然保护区的土壤，I 类土壤质量要求基本保持与自然背景水平一致（原有环境背景下某重金属含量较高的除外）；II 类主要指农田、菜园、果园，以及大部分茶园、牧场等区域土壤，II 类土壤质量要求基本不会对原环境及其植被造成危害；III 类主要指林地、污染物容量较大区域和矿产附近的农业用地土壤，III 类土壤质量要求基本不会对原环境土壤与植被造成危害和污染。相对应的，土壤环境质量保护标准也分为三级：一级标准是维持保护区内原有自然生态和土壤环境质量背景的限制值；二级标准是保障农业生产安全和农业产品能达到人体健康指数的上壤质量限制值；三级标准是保障农林业正常生产，以及原区域内植被正常存活的土壤质量临界值。以上Ⅰ、Ⅱ、Ⅲ类土壤环境下分别执行一、二、三级土壤质量保护标准。

另外，国家针对食用农产品与温室蔬菜大棚用地出台的产地环境质量评价标准，分别针对我国主要大田农作物产地的土壤环境质量与温室蔬菜大棚内的生产环境，从灌溉水质量、局部空气质量、土壤环境质量等方面对其浓度限值进行规定，并对监测方法与评价标准进行指导。同时，针对展会用地也作出土地质量标准。对建筑用地按照适用范围进行分类，并对土地中污染物的限值作出规定，其中涉及的污染物类别共有 92 项，按污染物性质分为无机污染物 14 项，挥发性有机污染物 24 项，半挥发性有机污染物 47 项，其他 7 项。此外，地方也出台了各自的土壤质量标准，如北京市、湖南省和重庆市，根据地方的情况，对土壤污染物的筛选值、修复目标值和分析方法等作出了规定。《食品安全国家标准食品中污染物限量》（GB 2762—2017），进一步从保护农产品质量安全的角度，制定了镉、汞、砷、铅和铬 5 种重金属的土壤筛选值；从保护农作物生长的角度，制定了铜、锌和镍 3 种重金属的土壤筛选值。这 8 种重金属列为必测项目，同时保留六六六、滴滴涕两项指标并增加苯并 [α] 芘。

在过去二十几年，《土壤环境质量标准》（GB 15618—1995）发挥了积极作用，但随着工业技术的发展，各类化工产品日益复杂，产生的复合化合物种类也不断增加。原有质量标准已经很难满足当前社会的需要，只有更加贴合当前实际的评价标准才能更好地对当前土地质量进行评价。目前新标准的制定主要针对两方面问题：一是否适用于农业生产；二是是否适用于建筑用地。基于这一目标，国家多次修订相关土地质量标准，并在 2018 年相继出台针对农业用地和建筑用地的土壤污染风险管控标准，以保护人体健康为长远目标，通过划定筛选值和管制值两条线来管理。值得注意的是，重金属广泛存在有背景因素，标准制定时也留出了相应的管理空间，重金属检测含量超过筛选值，但等于或者低于土壤环境背景值的，不纳入污染地块管理。到 2019 年，新防治法的实施为我国土壤环境管理体系的构建奠定了基础。在这个发展历程中，现行标准在原来制定的质量标准基础上不断完善，更加适应新时期的管理要求，同时土壤污染状况调查、土壤污染风险评估、风险管控和修复等污染地块系列国家环境保护标准也相继修订出台。对于土壤重金属而言，目前采用土壤重金属总量和 pH 这两个指标作为土壤环境质量标准的依据，一定程度上不能真实反映重金属对植物、农产品的效应，随着土壤有效态重金属测定方法、不同土壤临界值的确定、不同植物或农产品临界值的确定、土壤需要治理修复的临界值的确定等工作的深入研究和发展，相信在未来还会出台土壤有效态重金属及土壤修复相关的质量标准。

（二）重金属污染对农用地土壤环境质量的影响

重金属是土壤的固有组分，普遍存在于土壤中。人类活动导致的外源化学物质进入土壤，有可能会造成土壤植物系统中重金属含量的升高，当重金属含量超过一定的负载容量时，会对环境、生物、人体健康产生不良影响。

1. 重金属对土壤肥力的影响

金属元素是生物生长发育必不可少的化学元素，在生物生长发育的不同阶段发挥着重要作用，但在生物体内普遍含量较低，尤其是重金属元素。同时，重金属元素在土壤中的含量，也会对土壤性质产生较大影响，并通过对金属盐离子的渗透作用，影响土壤在植物成长过程中对各类营养元素的供应量与供应效率，进而对土地肥力产生影响。氮、磷、钾作为促进植物生长发育的三类重要元素，一般由植物根系从土壤中吸收，也是土壤肥力的重要评价指标。当土壤中的某一种或多种重金属元素含量过高时，就会导致土壤中盐溶液浓度过高，从而影响有机氮、磷、钾在土壤溶液中的浓度，导致渗透压不足，植物难以从土壤中吸收营养元素，造成生长发育受阻。

土壤中的有机氮主要通过矿化过程溶解到土壤溶液中去，有机氮先经土壤内的固氮微生物分解，形成可被植物吸收的铵盐或硝酸盐。土壤中有效氮元素含量的高低与固氮微生物的密度密切相关，而固氮微生物的存活环境与活性状态则受到酸碱性、温度、湿度等环境因素的影响。土壤中氮元素的矿化过程一般遵循以下公式。

$$N_t = N_0(1 - e^{-kt}) \tag{3-2}$$

式中，N_0 为土壤氮矿化势（以 N 计），mg/kg；N_t 为时间 t（周）时土壤累计矿化氮量（以 N 计），mg/kg；k 为矿化速率常数，周。

受到重金属污染的土壤区域，一方面固氮微生物的存活情况会受到影响，另一方面金属离子会导致铵盐被大量析出，从而影响土壤内有机氮的矿化过程。土壤内有效氮元素含量下降，植物能够从土壤中吸收的氮元素量也随之降低。需要说明的是，不同重金属元素对有机氮矿化的影响作用有所不同。在相同摩尔浓度的金属盐溶液下，单独某金属元素对有机氮矿化的影响不同，排序为镉＞铜＞锌＞铅，从上述排序可以看出镉对土壤中氮肥力的影响最大。

通过分析植物对土壤中磷元素的吸附过程可以对土壤内磷元素的迁移性进行衡量。当土壤中重金属元素含量增加时，土壤中的磷元素会以磷酸盐的形式与金属阳离子结合形成固态金属磷酸盐，导致土壤溶液中可被植物吸收的磷元素含量降低，从而影响土壤中磷元素肥力。与氮元素类似，不同金属元素对土壤中磷元素的吸附能力不同，自然界中大部分重金属与磷酸根离子结合产生的金属磷酸盐在常温常压下均为固态，所以一般情况下多类金属元素复合污染对土壤中磷元素含量的影响要大于某单一重金属元素污染。

钾元素不仅是构成生物有机体的重要金属元素，同时也是多种酶的活化剂，参与生物有机体的各个新陈代谢活动，如植物的光合作用和动植物的呼吸作用等。植物无法在土壤中吸收钾元素会导致叶片难以进行完整的光合作用和呼吸作用，而导致叶片变黄，酒精、丙酮酸等代谢中间产物堆积，从而影响植物的生长发育。耕作、施肥、土壤环境、温度等都会对土壤中钾元素的含量产生影响。目前农业研究中关于重金属污染对钾元素影响的相关内容并不多，但从现有实验数据与资料分析，重金属污染会对钾元素在土壤溶液中的存在形态产生一定影响，并且会占据土壤胶体中的吸附位，改变植物根系周边土壤溶液的渗透压，从而影响其对钾元素的吸收。

2. 重金属对植物的影响

重金属元素进入土壤后，会发生氧化反应，溶解于土壤溶液内，遇到某些酸根离子发生聚合反应形成沉淀，导致土壤板结、矿化，从而影响植物对某些营养元素的吸收。重金属对植物的作用会受到重金属形态、有机质含量、周围理化性质、氧化还原电位、植物种类等因素影响，一般情况下，重金属在土壤中多以金属阳离子形态存在，土壤中原有阳离子数量越高，重金属溶解越困难，影响性也越小。此外，土壤溶液中各重金属元素之间也发生相互作用，导致重金属元素的影响性发生变化。例如吴燕玉等研究发现，当土壤存在镉、铅、铜、锌、砷复合污染时，高锌镉浓度比、低锌铅浓度比或镉—砷、镉—铅、铜—砷交互作用，都会使镉活性增加，重金属在土壤中更易解吸，促使镉、铅、锌被农作物吸收。植物种类的差异也直接决定了植物对重金属吸收能力的差异，相较禾谷类植物，蔬菜富集重金属的能力更强；另外有些特殊的植物种类则可以超富集土壤中的重金属，对重金属的吸收能力远超普通植物。同一种重金属在同一植物体内不同部位的分布差异十分显著，一般是新陈代谢旺盛的部位积累量大，营养储存的部位积累量少。例如：水稻、菜豆根茎吸收镉的能力较强，水稻中80％的镉会富集在根部；烟草、胡萝卜等叶片镉含量较高；甘蔗蔗叶重金属含量明显大于根茎的含量；等等。

在一定范围内，植物产量与土壤重金属的积累或污染程度呈相关性，土壤重金属浓度越高，时间越长，尤其是较活泼的重金属，对作物的伤害越大，直接影响农产品质量和产量。当重金属浓度增加到一定数值时，植物生理、生化过程会受阻，发育停滞，甚至死亡。

3. 重金属对土壤微生物和酶活性的影响

重金属污染对土壤肥力的影响还体现在其对土壤微生物和酶活性的影响上。微生物与活性酶物质由于其生理结构相对简单，受外界环境影响较大，其对重金属胁迫的敏感性要远高于动植物。重金属元素进入土壤，会导致微生物活性与存活量受到影响，引起群落数量与结构的改变，从而导致土壤中有机酶含量与活性的变化。也因此，土壤微生物生态特征的变化可作为评价土壤环境质量、预测土壤变化趋势的重要指标。

重金属种类不同，对土壤微生物生态特征的影响也存在差异。不同微生物对同种重金属的耐受性不同，因此土壤中微生物结构特性能够在一定程度上反映某重金属元素的含量水平。大部分情况下，高浓度重金属溶液会导致微生物细胞结构和生理功能受到破坏，从而引起细胞凋亡，导致微生物死亡、微生物群落消失。另外，还有部分微生物受到重金属胁迫影响需要通过改变维生系统和细胞结构来抵御环境影响，从而导致自身与周边土壤环境的理化性质发生改变。对于绝大部分微生物种类来说，重金属污染会对原有微生物群落结构和微生物单体活性造成不利影响，甚至会导致微生物群落种类与数量急剧减少甚至灭绝。长期处于重金属污染环境中，即便有微生物种群存活，但由于其代谢活动的改变，其生态作用也会发生变化。微生物群落变化是由重金属浓度与土壤理化性质、生态环境共同决定的，但同时微生物生态结构的改变也会对土壤环境产生影响。

除土壤微生物外，土壤中活性物质也是反映重金属污染程度的有效指标之一。其中灵敏度较高的要数土壤酶，土壤中的活性酶一般都是微生物的分泌物，微生物通过将活性酶排出体外，通过活性酶的生化作用，改善自身周边环境，并与其一起参与到营养物质代谢过程之中。重金属污染主要是改变了活性酶的周边环境，一般情况下土壤中活性酶的活性会随金属元素浓度的上升先上升后下降，如果金属浓度过高，活性酶也可能会彻底失活。同时，由于重金属对土壤污染往往具有复合性，多种重金属交互作用后往往表现出协同、拮抗或屏蔽等作用。有研究指出，低质量分数的单独锗元素和铅元素能够激发土壤中脲酶的活性，而质量分数较高的金属元素则会明显抑制其活性，多种金属元素共同导致的复合重金属污染则抑制效应更加明显，但锗元素却在其中起到主导作用。

4.重金属对人类健康的影响

随着我国工业化进程和城镇化进程的加快，各类工业产区与人类生活区的距离逐渐缩短，尤其是密集型工业园区的扩张，更是给人类社会生活带来巨大影响。另外，交通环境也是影响土壤环境问题的重要因素。工业元素和交通污染物将诸多重金属带入城市及周边土壤之中，严重影响了当地的土壤生态环境。土壤重金属进入人体的途径是多种多样的，复合污染的危害较严重。在食物链系统中主要通过"土壤—农作物—人体"或"土壤—农作物—动物—人体"进入人体；在环境介质中主要通过"土壤—地表水/地下水—人体""土壤—空气—人体"的过程危害人类身体健康；在地球生态系统中则可能通过"土壤—地表水—水生植物/动物—人体"等迁移到人体。

一方面，重金属污染会通过改变土壤环境中各金属元素含量与结构，导致植物根系周围的环境发生改变。通过富集效应，植物在进行光合作用和蒸腾作用时，截留部分重金属元素到体内，从而导致农作物中含有某些重金属元素，通过食品安全问题影响人类健康。另一方面重金属通过土壤溶解至地下水或汇入地表水中，导致水源污染，再通过生活用水或食品生产过程对人们生活产生影响，对人类健康产生威胁。另外，重金属超标的农作物还可能作为食物通过食物链进入食草动物体内，使重金属元素在动物体内进一步富集，当这些动物成为人类食物来源时，也会将重金属元素带入人类体内。当一些人体必需的微量元素在人体内集聚，超过必需量时，将会发生形态或价态的改变，成为影响人类身体健康的重要因素。虽然大多数重金属元素是人体所必需的微量元素，但人体对其的吸收量极为微小，一旦超过临界值，就将会对有机体产生毒性，严重影响人体健康。

第二节 农用地土壤重金属有效性的影响因素

土壤中重金属浓度能够有效反映重金属污染情况，重金属总量则可对重金属富集情况进行分析，但重金属在土壤中的迁移能力、存在形态、植物吸收效率等却难以通过这两个指标进行分析。重金属进入土壤后，其存在形态对环境影响极为关键，同时也能在一定程度上反映重金属迁移与转化的效率。近年来，相关学者纷纷将研究重点投入重金属形态分析，以及基于形态分析的重金属污染有效性研究方面。

重金属形态研究主要包括化学形态分析和生物有效性分析两种方式。化学形态分析是指根据化学反应原理，通过不断增强用于检测的化学试剂反应性，将土壤中重金属元素转化为活性不同的结合状态，并对各结合态下的移动性与生物有效性进行测试，从而得出评估数据的研究方法；生物有效性分析则是指对生长在受到重金属污染的土壤上的植物各组织结构内重金属含量进行分析，从而得出不同形态的重金属元素被生物吸收和集聚的相关数据。生物有效性分析本质上仍属于化学形态分析的范畴，只不过更侧重于重金属元素对生物的影响；化学形态分析的发展直接影响到生物有效性研究相关技术的升级与进步，但生物有效性研究能够更直观地表现出重金属污染对生物的实际危害。就目前的技术条件而言，直接对土壤中重金属污染的生物有效性进行分析仍存在较大难度，借助化学形态法对土壤重金属污染情况进行研究仍是主流方法，通过对重金属在土壤环境下的转化与迁移过程，间接评价其环境效应，从而建立重金属污染与生物有效性间的数据模型。

一、农用地土壤重金属的有效性

（一）重金属的化学形态

重金属的化学形态与其在土壤中的迁移性、转化性，及其对生物的影响都有直接关系，因此这一指标也是衡量重金属环境效应的重要参数。从定义角度来看，重金属形态分析就是指对该金属元素在特定环境下存在的化学与物理形态。

化学形态即元素的结合状态、元素所在化合物或化合物与基质的结合状态，元素的化学形态与其毒性、生物可利用性、迁移性、与基质分离的难易密切相关。

目前，还没有关于土壤重金属形态统一的定义和分类，上述土壤重金属化学形态划分的研究成果中，共有的化学形态或重要的化学形态定义具体描述如下。

1. 可交换态

可交换态是指在土壤溶液迁移过程中，借助扩散作用、外层络合作用，交换吸附在土壤黏土矿物及其他成分（如氢氧化铁、氢氧化锰、腐殖质）上的重金属。该形态重金属是土壤中活动性最强的部分，在中性条件下最易被释放，可用一价和二价金属盐溶液提取，易发生形态间转换和迁移，毒性最强，可反映农业生产和人类活动对区域土壤的影响，对其研究包含水溶态。

2. 碳酸盐结合态

碳酸盐结合态是重金属以沉淀或共沉淀的形式存在于碳酸盐中，该形态重金属对土壤环境条件中的 pH 最敏感。随着土壤 pH 值的降低,碳酸盐结合态重金属移动性和生物活性显著增加,重新被释放进入环境中;相反,随着土壤 pH 升高,碳酸盐结合态重金属移动性和生物活性降低,具有潜在危害性。

3. 铁锰氧化物结合态

铁锰氧化物结合态是指金属铁和锰在与氧气发生反应的过程中结合到一起成为络合物或包裹到沉积物表面。铁锰氧化物结合态可分为无定型氧化铁结合态、晶体形氧化铁结合态、无定型氧化锰结合态(Fe_2O_3、FeO、MnO_2)等。土壤和氧化还原电位(Eh)对其有重要影响,例如农田淹水后,这种形态的部分重金属可被还原释放,具有潜在危害性。

4. 有机物结合态

有机物结合态是指重金属元素与土壤中的有机质螯合形成的固态螯合物,或与硫酸根离子、磷酸根离子等结合形成溶解度较低的无机盐。形成的有机结合态一般化学性质相对稳定,磷酸根、硫酸根等的释放较为缓慢,植物根系很难在较低浓度下吸收相关营养物质。同时,受到土壤理化性质影响,部分有机物分子还会发生降解作用使部分重金属溶出,对作物产生危害。

5. 残渣态

残渣态是非污染土壤中重金属最主要的结合形式,一般情况下这种形态的重金属元素来源于成土母质,对该形态下重金属元素浓度的测定值基本可以代表其在土壤中的背景值。残渣态是金属元素能够自然存在的相对稳定形态,金属在自然界中也多以残渣态形式存在,人类工业生产过程中所用的金属材料多是从残渣态中进行提取、精炼而成的。在自然状态下,金属元素要想从残渣态转化为可被植物吸收的形态,需要经过漫长的风化过程,因而残渣态的重金属,迁移性与生物可利用性都相对较低,对于生物而言其毒性相对较弱。也因此,一般认为残渣态的重金属元素是不能被植物所吸收的,只有经过弱酸溶解后,形成生物可利用的无机盐离子后才能进入生物圈内。

(二)重金属化学形态分析方法

土壤重金属化学形态分析方法可分为以下几类。

1. 模型计算法

此方法通过统计学方法分析重金属与其他元素的关系,进而推测重金属存在的形态,适用于单一基质中单个重金属元素的吸附质/结合物,但不适用于多种重金属化合物及多种基质和吸附质存在的情况。

2. 组分分级

利用组分分级的方法进行重金属检测，可以通过对重金属元素在检测溶液中呈现出的不同颜色对其种类和含量进行基本判定。组分分级法是利用金属元素的物理化学性质，通过选择恰当的载流物质将其进行分离，再利用分析仪器进行进一步检测。这种方法只能根据颜色和化合态，对离子分布情况进行判断，无法给出重金属元素在原环境中的化学形态。

3. 电化学测定法

此方法采用电位与离子浓度相关的原理，可分为两种。

第一种是离子选择性电极法，这一方法会受到溶液环境与离子解离程度的影响；第二种则是伏安法，这一方法的局限性在于其只能通过动力学性质从金属离子的迁移性和稳定性方面对其种类进行判断，而无法精准确定其种类。

4. 分子尺度技术检测

此方法利用现代光学检测技术从分子尺度原位观察环境样品表面的重金属化学结构和与其他吸附质之间的键合作用信息，但受限于平台的专业性要求而尚未成为重金属形态分析的常规方法。

5. 化学提取法

第一种为一次提取法，也叫单极提取法，适用于分析重金属的生物有效态。提取法依据样品的理化性质、提取的目标物，选择相应的提取液。该方法不适用于重金属形态之间的转化和迁移的研究。第二种是连续提取法，也叫多级提取法。该方法用几种经典的萃取剂替代环境中的化合物，模拟自然环境和人为污染造成的土壤环境变化，提取土壤重金属不同化学形态，比如具有代表性的是 Tiesser 法和为融合各种不同的分类和操作方法，欧共体标准物质局（BCR）提出的 BCR法。连续提取法适用于重金属形态之间的转化和迁移的研究，但步骤繁多，提取时间长，提取形态是基于实验室环境下的假设，目前缺乏统一的操作规程，实用性不理想。就提取剂而言，有多种类型，美国、日本和欧洲的一些国家的国家标准中的提取剂包括：王水、水和乙二胺四乙酸（EDTA）等。目前，我国对土壤中重金属元素污染指标进行鉴定和评价的方法主要有浸提法、测定原子吸收法、有效性测定法等，针对不同重金属元素有其特定的检测方法与评价标准。比如：针对锌、锰、铁、铜等重金属元素的测定，采用的是二乙三胺五乙酸（DTPA）浸提法（NY/T 890—2004）；针对铅和镉的测定，则是使用原子吸收法（GB/T 23739—2009）。我国主要的重金属污染物多为锰、铁、铜、铬等高质量分数的重金属元素，在检测上基本都采用二乙烯三胺五乙酸（DTPA）或 0.1 mol/L 盐酸浸提剂，少部分采用硝酸—高氯酸—硫酸、草酸—草酸铵或 EDTA 浸提剂。

（三）重金属的生物有效性

对于生物有效性的研究，多年之前就开始了，如今在这个领域的研究也不少。对于生物有效性的概念，一些学者有不同的看法，有的叫它生物可给性，有的叫它生物适应性，还有的称其为生物利用率等。可以说，到现在还没有一个统一的称呼。从生物有效性这个概念来分析，其所包含的内容是建立在生物毒理学及环境化学这两者之上的。在环境化学中，生物有效性的内涵是"在土壤中，可能为生物所吸收利用的部分"，即环境生物可利用性。而生物毒理学方面则较多使用生物可利用性这一概念，注重物质通过细胞膜进入生物体后的一系列反应。在生物毒理学方面，生物会不可避免地吸收土壤中的一些重金属，这些重金属被吸收后会进入生物的新陈代谢系统，而进入新陈代谢系统中的量则被称其具有生物可利用性，可由间接的毒性数据或生物体浓度数据评价。事实上，不管是什么样的定义，其本质都注重分析生物体和化学物质之间的关系，将生物体和环境视为不可分割的整体。

有的形态的重金属容易被吸收，有的形态的重金属不容易被吸收。不同形态的重金属，被生物体吸收的量和难易度是不同的。据此，我们可以将其分为三类，即生物可利用态、生物潜在可利用态与生物不可利用态这三个类型。

1. 生物可利用态

从名字上来看，生物可利用态就是易被吸收的重金属元素，有水溶态与可交换态。虽然这样的重金属含量极小，但是具备很大的迁移性，活性大。事实上，交换态 Zn、Cd 与有效态 Zn、Cd 呈显著正相关，对植株的贡献最大。另外，水稻各器官 Cu、As 浓度与土壤 Cu、As 浓度有着十分密切的相关性，而与土壤交换态 Cu、As 的相关性又大于结合态和总量 Cu、As 的相关性。应用 Spearman 相关性分析方法可以发现，土壤中生物可利用态的 Cu、As、Mn、Ni 和 Pb 与蔬菜中重金属含量具有显著正相关性，交换态的 Mn、Ni 与蔬菜中重金属含量具有显著正相关性，表明随着土壤中重金属的生物可利用态含量提高，蔬菜中吸收累积的重金属含量也大大增加。有学者认为，土壤中镉可溶态和交换态所占比例越大、总量越高，同种作物对镉的富集趋势就越明显。

2. 生物潜在可利用态

生物潜在可利用态有铁锰氧化物结合态、碳酸盐结合态及有机物结合态。生物潜在可利用态易受土壤 pH、有机质、Eh、微生物和植物根际效应等因素影响，转化为可利用态，是生物可利用态的直接补给源。土壤中有机物结合态铅的含量最高，其次是碳酸盐结合态，这两种形态是土壤中铅向可交换态铅转换的主要部分，对植物的潜在危害较大。

3. 生物不可利用态

生物不可利用态为残渣态，在未受污染的自然土壤中，残渣态所占比例较高，该形态重金属活性极低，对土壤中重金属迁移和生物可利用性贡献不大。但是伴随着土壤环境介质的改变，这些金属还是有可能被活化从而威胁生态系统的，比如在还原条件下，残渣态的镉、铅和锌向可交换态和铁猛氧化结合态转化。有学者认为对菠菜含铅量贡献最大的是残留态铅。有学者还发现水稻—油菜轮作土壤过程中，铬、镉、铅和锌的残渣态出现向其他四种形态转化的现象。

（四）重金属生物有效性的分析方法

目前大多数生物有效性的分析方法是通过统计学对土壤中重金属的形态分布和生物中重金属的形态分布进行相关统计的，确定土壤—生物（动物、植物和微生物）中重金属含量和化学形态的关系。

1. TCLP 法

现在，美国法庭比较常用的一种评价重金属生物有效性的方法就是 TCLP（toxicity characteristic leaching procedure）法。具体来说，这种方法就是，将两种缓冲液作为提取液（这两种缓冲液具有不同 pH），提取液中重金属浓度就是用 TCLP 法测定的浓度。需要注意的是，缓冲液是依据土壤酸碱度和缓冲量的不同而确定的。

2. 薄层梯度扩散的方法

运用薄层梯度扩散的方法，可以将金属分为不同的形态，如稳定态和不稳定态（包括自由离子态和其他化合态）。这种评价方法的具体做法就是，结合菲克第一扩散定律，对于植物根系的吸收过程进行一定的模拟，通过一定的方法促使金属累积在一定的树脂中，来测算累积的金属量。所以，重点就是促使金属累积到树脂中。

3. 同位素稀释技术

土壤表面吸附的稳定元素会与液相实现一定的平衡，类似如果将同位素加入已经实现平衡的土壤悬浮液中，很快地，同位素就会在固相和溶液相之间开展一定的分配过程。这两种过程存在一定的相似性。人们一般将可移动放射性部分看作 E 值或放射性可交换库，对于 E 值的测定，可以运用 $E=M \times K_d$ 这个式子，其中"*M*"指的是稳定元素在液相中的浓度，而"*Kd*"则是土壤固相和溶液相间的分配系数。同位素稀释技术认为，可移动放射性部分能够被 *L* 代替，*L* 即植物可利用部分，即 *L* 代替 *E*。

4. 体外消化法

体外消化法不属于一种化学方法，而是一种生物模拟法。这种方法通常被用到海洋沉积物中重金属的生物有效性分析上。这种方法的优势在于有利于污染物质的来源问题得到解决。

5. 体外评估法

该法评估土壤中重金属对人体的生物有效性，通常包括动物体内实验和体外实验。这种方法通常用于污染土壤或污染物的风险测评方面。常用的体外实验法包括很多方法，如 PBET、IVG、SBET 等。具体来说，PBET 就是 physiologically based extraction test，IVG 就是 in vitro gastrointestinal，SBET 也是 simple bioavailability extraction test。这些不同方法的特点也不太相同，有着不同的优势。比如：SBET 就经常别用于评估砷和重金属对人体的生物可利用性，其也被用到了英国地质调查局及美国环保局中；IVG 法常用于预测。我们应该对不同的方法分别有初步的认识，以此更好地在实践中运用发挥这些方法的最大优势。

（五）土壤重金属的有效性提取方法

重金属污染这一问题不容忽视，已经成为困扰全人类发展的重要问题，应该引起人们的切实重视。评价土壤重金属的有效性，首先应该知道土壤中重金属的总量，但仅仅知道总量还是不够的。对于分析土壤重金属的有效性及环境效应来说，除了解土壤重金属的总量之外，我们还应该分析其对于环境的潜在影响。土壤中，具有理化性质活泼且具备生物有效性的重金属，通常是可以被生物吸收且利用的。而重金属的生物有效性通常也指的是生物体内重金属元素的吸收、积累或毒性程度。

元素的生物有效性和多个方面有关，是一种综合效应。这种综合效应，应该说是土壤—元素—植物间的综合效应。因此，可以说，元素的生物有效性不但受土壤影响，还受植物的影响。具体来说，土壤的组成和性质都会影响元素的生物有效性，而植物方面，植物内的迁移过程和机理也会影响元素的生物有效性。对于土壤重金属的有效性提取来说，主要有浸提法和利用萃取剂提取的方法。前者又可以分为一次浸提法以及连续浸提法。具体地，浸提就是指测定浸提液中重金属的含量，浸提液的制作过程是按照一定的比例将几种试剂组成试验溶液，然后再结合一定的土液比对于试验溶液进行浸提（浸提一次或多次）。

1. 一次浸提法

一次浸提法与植物的相关性较好，经常用于判定重金属的短期或中期存在的危害。而一次浸提法也可以分为多个类型，在分的时候可以按照试剂的不同来分。

（1）酸试剂浸提法

结合酸试剂浸提法的名字来看，这一方法主要针对的是酸性土壤，即通常判定酸性土壤中植物对于重金属元素的吸收情况。常用的酸试剂有 0.43 mol/L HAC、0.1 mol/L HCl、0.1 mol/L HNO_3 等。从浸提效果来看，其中 HOAC 对于 Zn、Ni、Pb、Co、Cd 及 Cr 的浸提效果较好。酸试剂的 pH 过低，就会导致经由这一试剂萃取的重金属量只是在统计上与植物体内的重金属含量有关系。

（2）螯合剂浸提法

螯合剂可以和很多金属离子结合，从而组成比较稳定的水溶性螯合物。因为具备这一特点，所以螯合剂一般就来萃取能被植物直接吸收和利用的存在于土壤和沉积物中的重金属元素。常见的螯合剂有很多，比如 0.5mol/L NH_4AC+0.02 mol/L EDTA（pH=4.65）、0.05 mol/L EDTA（pH=7）、0.005 mol/L DTPA+0.1 mol/L TEA（三乙醇胺）+0.01 mol/L CaI_2（pH=7.3）等。相关研究显示，EDTA、柠檬酸、NTA 氨基三乙酸可以将土壤中的 Zn、Pd、Cu、Cd、Cu、Pb、Zn、Fe、Cd、As、Hg 等都转移。需要注意的是螯合剂中的 NTA 属于致癌物质，因此应该被谨慎使用。

（3）中性盐和缓冲试剂浸提法

中性盐试剂有 NH4AC、$CaCl^2$，$NaNO_3$、$BaCl_2$ 等，使用中性盐来萃取重金属，能够更好地将土壤沉积物中的重金属的生物可利用性反映出来，这种效果比其他试剂好。$H_2C_2O_4$+（NH_4）$_2C_2O_4$（pH=5.0）、1 mol/L NH_4AC+HAC（pH=4.8 或 5.0）、$H_2C_2O_4$+（NH_4）$_2C_2O_4$（pH=5.0）、0.05 mol/L $CaCl_2$ 和 1 mol/L $NaNO_3$ 等，是比较常用的一些缓冲试剂。相关学者发现，$NaNO_3$ 是最好的试剂，因为这一试剂有助于建立一种数学模型。对于中性盐和缓冲试剂浸提法来说，两者各有利弊。中性盐试剂的萃取不足之处在于，其萃取出来的一般是水溶态及可交换态，且含量不多。使用这种试剂萃取的方法对于后续的结果分析有一定的不利影响。应该说，使用盐类试剂的背景值都不小，重金属含量比较高，都对于分析结果存在不利影响。

（4）微乳液浸提法

这里我们需要思考的是如何得到微乳液。通常，我们需要准备好两种液体（这两种液体是不能互溶的），结合表面活性物质及其辅助剂，形成界面膜，并形成稳定的系统，就是微乳液。假设油过量，那么微乳液则是连续性油系统，而假设水过量，那么微乳液就是连续性水系统。微乳液这种系统具有很多特性，在视觉上有等方性，在热力学上有均匀性与稳定性。这种微乳液相中微界面表面积的增加和微乳剂水珠，参与了金属离子从水相到有机相的运输，因此这种系统可以将金属离子的浸提速率切实提高。

一般来说，微乳液的萃取分为两个步骤，一是萃取，二是再萃取。在第一个步骤中，要把金属萃取出来，提取到微乳液相中；二是再萃取，也就是在系统中（富含金属的微乳液相中）加入一定的酸，促使金属在新的更高含量的水相中复原。

一次浸提法相对于其他方法，其微乳液具有一些不可比拟的优势，比如它具备很多的功能，它能够萃取微量或大量的金属，萃取率高，而且微乳液有巨大的负荷容量，很多有待研究的金属都可以使用这种方法萃取。但是，使用这种方法的时候也要注意一些问题，如要注意介质的 pH、再萃取对于每一种金属的动力学。

应该说，在一次浸提法中，不同的试剂的萃取原理和萃取效果都是不一样的，即使是用同样的试剂萃取，对于土壤中不同金属最后萃取出来的结果也不一样。所以，在使用这种方法的时候，应该注意进行一定的统计检验。经过统计检验，如果萃取剂与重金属之间的相关性良好，那么就可以选择这种萃取剂。综合来说，NH_4NO_3-EDTA、HAC、EDTA 等都是比较理想的试剂。

2. 连续浸提法

除一次浸提法外，连续浸提法也是一种十分重要的浸提法。其是将一些不同的试剂组合成一种提取程序，被组合的试剂对于重金属的一种存在形态有效，这些提取剂应该先后对于同一样品进行萃取，这就是连续浸提法。这种方法能够对于重金属不同形态的含量进行较为准确的评价。但是也应该看到，每一种重金属形态的浸提剂也不都是转性的，因为不完全转性，所以我们应该将能否最大程度地溶解某一形态的重金属且最小限度地不影响重金属的其他形态，作为选择浸提剂的标准。使用这种方法的时候，一般会将土壤中的重金属分为四种形态，也就是可交换态、有机结合态、铁锰氧化物结合态、残渣态。

（1）可交换态

这种形态的重金属元素，通常是指借助外层络合作用与扩散作用非专性地附着在土壤和沉积物表面上的元素。结合一定的离子交换，就可以将这种重金属元素提取出来。一般比较好用的提取试剂有 0.43 mol/L HAC、1 mol/L NH₄AC、BaCl₂、CaCl₂、MgCl₂（pH=7.0）等。

（2）有机物结合态

一些金属能够被土壤中有机质螯合或络合，这种金属通常被称为有机物结合态金属。对于这种形态的重金属的萃取来说，可以用 30% 热 H_2O_2（pH=3）氧化有机物、溶解硫化物和其他氧化态物质，使其从有机物中被提取出来。在这个提取过程中，要确保不影响硅酸盐（硅酸盐在高温的强酸作用下会溶解）。但在有机物氧化方面，H_2O_2（pH=3）并不完全适用于所有类型的有机物。需要注意的是，$K_4P_2O_7$、N_CAC 等都可以用来提取有机态重金属。

（3）铁锰氧化物结合态

被吸附在铁锰氧化物上，或者与之形成共沉淀的一种形态的金属就被称为铁锰氧化物结合态金属。对于这种形态的金属萃取来说，可以使用 0.1 mol/L $NH_2OH \cdot HCl$（pH=2.0）进行萃取。在专一性方面，这种试剂对于铁和镁的氢氧化物及锰氧化物的作用很强。同时，它不会对有机质和黏土成分产生一定的破坏。需要注意的是，$H_2C_2O_4$-$(NH_4)_2C_2O_4$ 溶液也可以被用于这种形态的金属的浸提。

（4）残渣态

顾名思义，残渣态的重金属很难被以上所提到的一些试剂浸提，原因在于它是与原生或次生矿物牢固结合在一起的。但是对于金属态的萃取来说，也不是没有适用的试剂与萃取方法，应该认识到碱融法或 HF 同其他强酸（HNO_3、$HClO_4$、HCl）的混合液能够成为相应的提取剂。

连续浸提这种方法有自己的优势，在测定重金属生物有效性方面，它更为准确。原因在于，它可以对于不同形态重金属的含量进行清晰的正确的测定，并且可以随着环境的改变对金属的潜在生物有效性开展测定。这种方法提取率是比较高的，但是连续浸提方法也存在一定的不足，比如它的周期较长。此外，这种方法会很难控制好萃取剂的选择与用量。

二、影响农用地土壤重金属有效性的因素

（一）土壤中的重金属总量

土壤中的重金属总量和重金属的生物有效性有没有相关性？很多研究表明，两者之间没有很好的相关性。尽管如此，在研究农用土壤重金属有效性的影响因素时，也不能忽视重金属总量这个因素。一方面，土壤中重金属的各种存在状态

和微量重金属总量，存在密切的相关性。研究者发现，Cu 的总量和可交换态与水溶态的 Cu 密切相关。除此之外，它还和 pH 共同成为决定 Cu^{2+} 活度的两种重要因素。相关研究者通过分析发现，决定 Pb^{2+} 活度和水溶态、可交换态 Pb 的不可或缺的因素之一就是 Pb 总量。另一方面，对于土壤中的重金属元素的生物有效性评价而言，其可以依据的就是重金属元素的总量。

（二）土壤溶液的 pH

要想更好地评价土壤中重金属的生物有效性，就不能忽视土壤溶液的 pH，其具有不可忽视的重要地位。对于各种土壤矿物的溶解，以及土壤溶液中各种离子在固相上的吸附程度，土壤溶液的 pH 无疑都会产生十分重要的影响。

第一，土壤溶液的 pH 越高，那么在土壤固相上，各种重金属元素的吸附力和吸附量就越高。以 Cd 的吸附量和吸附力为例来看，pH 每增加 0.5 个单位，那么它的吸附就会增加一倍，可以说 pH 的提升会促使 Cd 的吸附快速提高，最终产生沉淀。

第二，土壤溶液中，重金属元素离子活度很大程度上受 pH 影响。比如，如果 pH 从 3.9 提到 6.6，那么溶液中的有机铜，就会从 30 % 提高到 99 % 还多。这会对于 Cu^{2+} 的活度产生很大的降低作用。如果 pH 从酸性改为近中性时，有机 Pb 也会快速提高。

第三，对土壤中重金属元素的生物有效性来说，pH 的影响不是单一递增的。相关研究者通过相关分析发现：pH 小于 6 时，Cd 的生物有效性会随着 pH 的升高而升高；相反，pH 若大于 6，则 Cd 的生物有效性会随着 pH 的升高而降低。

（三）土壤的有机质含量

有机质对于土壤的影响是至关重要的，任何土壤，只有具备了一定的有机质，才能产生一定的影响。此外，有机质还可以和土壤中的重金属元素形成络合物，以此对土壤中重金属的生物有效性及移动性产生重要影响。

第一，有机质，特别是天然的有机质，是一种十分有效的吸附剂，因此将其加入土壤中可以促使土壤对重金属元素的吸附作用发生改变。

第二，土壤中有机质的增加，会对于重金属元素的化学形态分布产生影响，即促使重金属的移动性增强。比如，在不同的土壤中，如果把苔藓泥炭加入其中，会发生不同的变化。

应该注意到，有机质对于有土壤的影响是多方面的。尽管有研究发现，有机质的加入会对于植物吸收重金属元素产生有效降低的作用，但也有研究认为这种影响是微乎其微的。产生这种矛盾认知的原因，很大程度上在于，重金属的移动性和生物有效性可以在有机物和重金属形成络合物时增加，但是这种移动性会受到限制，也就是受到大分子的固相有机物和黏土矿物的限制，这两者可以共同吸附重金属。

（四）化学试剂的影响

化学试剂对于土壤的影响主要是人为的。人在土壤中加入一定的化学试剂，那么就可以影响植物吸收微量元素的程度，这就间接促使了重金属污染土壤的治理目的得到实现。螯合剂是被经常用到的试剂，它的类型也非常多，本书在上文中也有所提及，这里不作过多赘述。我们需要认识到以下几点。第一，借助螯合作用，有机酸能够从固相土壤中，将微量重金属元素有效解吸出。第二，一般来说，在土壤中，有机酸能够与重金属发生作用，从而产生金属螯合物。这种金属螯合物，可以吸附在某些植物的根部，而且能够被植物从根部向茎叶进行吸收。虽然，从某种程度上来说，对于重金属元素而言，有机酸能够发挥重要的活化作用，但是这种作用的发挥还要取决于一种因素——那就是植物的种类。比如，EDTA 可以将土壤中的重金属元素进行有效的活化，但可能难以活化植物中的重金属原色。产生这一问题的原因在于，在植物中，虽然螯合剂能够活化金属，但却会使金属对于植物的毒性提高，这样的情况下，植物的生长自然会受到一定的抑制。很多时候，让人感到有趣的是，植物仿佛有灵魂一样，它自己会在毒性的威胁下，主动分泌有机酸，从而降低一定的毒性，实现生长。

（五）元素之间的相互作用

土壤溶液中有阴离子、阳离子，它们之间会发生相互的作用。而土壤中微量金属的生物有效性会在这种作用下发生改变。一般而言，这样的相互作用可以被分成三类，那就是协同作用、拮抗作用及加和作用。

有的学者开展了盆栽实验，由此得到的主要结论是：Cd-As 的复合污染，会对植物对重金属的吸收产生不可忽视的影响。以苜蓿为例，复合污染在很大程度上会导致植物吸收更多的 Cu、Pb。还有的学者发现，将铅加入含镉的培养液，那么就会提高镉对小白菜根系的生理生态效应，而且更多的 Fe、Cu 会被小白菜吸收，更多的 Zn 能被大麦吸收。这些都属于协同作用和加和作用。而拮抗作用则主要是指，与某几种重金属元素的影响相比，这几种重金属元素复合污染的影响较小。

（六）黏土含量

通过研究可以发现，黏土表面是较为特殊的，不仅带着负电，还在某种程度上有着特别高的阳离子交换量。因此，从某种程度上来说，黏土能够借助一定的离子交换，对溶液中的重金属离子进行吸附。所以，我们可以认识到，一些土壤中的黏土含量，也对于这片土壤上的植物的生长产生一定的影响，不但影响其对于微量元素的吸收，还影响其发展。但需要注意的是，这种影响会受到时间的限制。

（七）植物种类

在吸收重金属方面，不同的植物具有不同的能力。另外，即使是同一种植物，也可能在吸收不同的重金属时表现出不同的能力。据此，将植物分成四个类别，第一个是定量植物，第二个是半定量植物，第三个是近背景植物，第四个是背景植物。与普通植物相比，在吸收重金属方面，超积累植物具有更高的能力，甚至可以说是普通植物的 100 多倍。此外，不同植物吸收重金属的部位也不同。对于玉米来说，它吸收重金属 Zn 的部分是茎叶；而根部则是水稻吸收重金属 Zn 的部位。

（八）农业活动

在农业中，农业活动的实施影响着土壤中重金属元素的生物有效性，同时适当的农业活动可以改善土壤中重金属元素的生物有效性。第一，土壤的结构受到耕作的影响，不合理的耕作会严重影响土壤的结构，使得土壤中的有机质大大地降低，这种情况导致的结果就是土壤中的重金属元素会通过土壤大量进入食物中。第二，农业中的施肥活动也会对土壤的结构造成影响，在农业活动中，进行长期轮作施肥是不可避免的，但是这种活动的实施会对土壤中有机质的构成产生影响；农业活动中磷肥的施加在一定程度上能降低土壤中重金属元素的生物有效性，从而减少农作物对重金属元素的吸收，提高农作物的健康性。但是，一些肥料中含有重金属元素，这种肥料的施加会提高土壤中重金属的含量，从而增加了重金属对土壤的污染。石灰在酸性土壤中施加在一定程度上能够降低植物对于重金属元素的吸收量，从而提高农业中农作物的产量。

（九）污染时间

土壤污染的时间能够影响重金属在土壤中的分配，时间越长，分配越均衡。与此同时，随着时间的不断加长，重金属的解吸率会逐渐呈现下降趋势，从而导致重金属的生物有效性发生改变。除上述因素之外，温度也能够影响土壤的结构，随着外界温度的升高，土壤的温度也会随之升高，土壤温度升高的过程中，土壤有机质的分解的也会随着加快，适宜的环境温度能够促进植物对于重金属的吸收。除温度之外，土壤的阳离子交换量（CEC）也影响着重金属的生物有效性，但是CEC 的多少与其他因素之间有着紧密的联系。为了能够有效利用土壤中的重金属元素的生物有效性，对其影响因素进行系统而全面的分析是非常有必要的。

第三节　农用地土壤重金属污染的特点

农田微量元素的输入／输出平衡是影响农用地土壤微量元素累积和在农产品中富集的重要因素，一般情况下，土壤微量元素的输入／输出保持动态平衡，可通过土壤自净作用将少量有害元素消除。但这种平衡如果被破坏，土壤重金属含量超过土壤自净能力，受土壤环境介质影响重金属发生形态转化、迁移、富集，从而会引起土壤物理、化学、生物性质的改变。农用地土壤重金属污染主要存在以下几方面的特征。

一、危害潜伏性和暴露迟缓性

水污染和大气污染短时间内可以通过感官感知，但土壤重金属污染如果不通过专业技术手段，则无法判断土壤重金属含量是否超过规定限值。重金属元素因其独特的毒理学效应，会抑制许多细菌的繁殖，进而影响土壤生物群落的变化和有机物的化学降解，重金属在生物体内蓄积需要一个生物学半减期，一定时期内对环境的危害性以潜伏状态存在，其中毒性最大的镉、铅、汞、砷，不但不能被生物降解，毒性还能在生物作用下放大，转化成毒性更大的金属类有机化合物，当这些污染物接触到农作物、动物和人并出现减产绝收和致畸致癌等症状时，其毒害作用才间接表现出来，例如日本的"骨痛病"经过 10~20 年的时间，人们才认识到其与镉污染有关。此外，土壤环境介质的改变可引起重金属的活化，使其通过淋溶作用进入地下水和地表水，并随径流扩散污染更大范围的土壤和水体。

二、长期累积性和地域分布性

土壤胶体的带电性对重金属在土壤溶液中的聚集有重要影响，重金属进入土壤中，由于土壤对其吸附固定能力较强，不易向下迁移，农用地土壤环境中的重金属会随着多途径外界污染源的不断输入、叠加长期积累。相对于水污染和大气污染，土壤自净能力差，宏观上看重金属污染过程是不可逆的。重金属易在表层累积，进入土壤之后，多集中分布在表层0~20厘米，尤其以0~10厘米的表层含量最高。土壤是生态系统中物质流形成的产物，在物质的大循环过程中形成微量元素含量不同的成土母质，随着人类活动范围的不断扩大，农业活动和工业活动形成明显的地域分布，农业活动污染源和工业活动污染源造成农田重金属长期积累，从而导致不同的地区重金属污染的程度不一样。目前，我国城市的重金属分布情况如下：南方城市重金属污染的程度比北方城市严重；我国主要的粮食产区中有部分地区重金属污染非常严重，如长江三角洲、珠江三角洲、东北老工业基地等。

三．不可逆转性和难治理性

受到重金属污染的水体、大气在切断污染源后，有可能通过稀释和自净化等作用使污染问题发生逆转，但是存在于土壤中的重金属则很难靠稀释和自净等作用来消除，土壤的重金属污染通常是一个不可逆转的过程。

通常而言，重金属元素融入土壤之后，是无法被其中的微生物分解利用的，反而会产生一种可能情况，即重金属元素被微生物吸附从而聚集到一起，在一定的条件下，这些重金属物质之间发生反应，形成一种毒性更强的物质。由此可知，在农业上，土壤中的重金属污染物的降解和消除是难以做到的，这一特点是重金属污染物与其他污染物之间的最大区别。不经过外界干扰，在自然界的循环作用下，除重金属元素的形态、所处位置及在土壤的浓度发生变化外，其他的不变。而且，土壤金属元素的浓度的变化不是因为重金属被分解了，而是因为重金属的位置发生了变化，由之前的集中到现在的分散，这才导致了重金属浓度的降低。在农业上，重金属元素一般聚集在土壤中或者是生物体内，因此虽然污染物中含有少量的重金属，但是经过长时间的积累，也会造成土壤中重金属含量的增加，从而对土壤及整个生态系统造成严重的破坏，如果长期存在这种破坏，很可能造成土壤和生态系统的永久性破坏，无法恢复。

据研究，要使某些受到重金属污染的土地恢复到以前的状态大约要100~200

年的时间。

四、形态、价态多变性和污染复合性

重金属元素处于元素周期表的过渡区，在土壤环境中存在多种化学形态，但是重金属在环境中的实际形式，可使其毒性、活性及对环境的效应都存在差异。目前，在提取重金属元素方面，比较常见的有两种方法，一种是 Tessier 五步提取法，这种方法将重金属元素分为五种形态，分别为可交换态、碳酸盐结合态、铁锰氧化物结合态、有机结合态及残渣态；另外一种是 BCR 三步提取法，这种方法将重金属分为四种形态，分别为酸溶态、可还原态、可氧化态和残渣态。重金属形态分布受土壤质地、氧化还原电位（Eh）、pH、有机质和阳离子交换量（CEC）等因素的影响，各形态毒性差异较大。

重金属价态多变是由其化学性质决定的，价态不同毒性也不同，以镉和铬为例，镉常见化合物的存在形式有氯化镉、乙酸镉、硫酸镉、硝酸镉、硫化镉等，其中硝酸镉和氯化镉对植物和人体的毒性相对较高。

通常情况下，土壤中的重金属不是以一种元素存在的，而是多种元素共同存在的。复合污染指的是在同一环境中存在两种及以上的不同污染物或者来源不同的污染物，这些污染物共同造成污染现象。复合污染之间的作用可以分为三种方式，分别为协同作用、加和作用和拮抗作用。

在土壤中，重金属之间的作用会对土壤造成复合污染，而重金属与其他污染物作用也会对土壤造成复合污染，这两种情况都会对重金属的生物有效性产生影响。

五、形态多变且毒性有差异

一般情况下，在元素周期表中，大多数的重金属属于过渡金属，表现出两种特性，一种是化合价变化大，另外一种是化学活性比较强，通常情况下，能够与多种物质发生反应。在农用土壤中，这些重金属会随着不断的污染行为进入土壤中；土壤 pH 发生变化的时候这些重金属也会发生不同的反应，或者以不同的形态存在于土壤之中，其所具有的稳定性和毒性也会随之改变。如果土壤中的重金属元素经过反应从原来的自然状态变成离子态或者是络合态，这样的情况就会导致重金属毒性增加，而且离子态下的重金属元素的毒性要高于络合态下的毒性，如铜、铅、锌等重金属元素。如果重金属元素拥有较好的稳定性而不易被分解的话，那么相对来说其的毒性是偏低的。除此之外，重金属元素经过反应所形成的有机物的毒性是比所形成的无机物的毒性要高得多。由此可知，在对某种重金属元素对土壤的损害程度进行评价时，不仅要从重金属的种类上进行分析，也要从重金属在土壤中所具有的形态方面进行分析，只有进行比较综合的分析，才能对其进行准确的判断。

六、迁移转化形式呈多样性

在土壤环境中，重金属元素在迁移和转变的过程中，会发生一系列的物理化学过程，并且会随着环境条件的改变这些物理化学过程也在发生改变。重金属元素在某些物理化学过程中是可以被还原的，如沉积、溶解、氧化、还原等反应，但是在一些情况下是稳定的、不能够被还原的。在农业土壤中，不同的生物对重金属元素的耐受程度是不同的。通常情况下，土壤中的生物不能分解重金属元素，还可能聚集重金属元素提高其毒性，从而对土壤造成巨大的伤害。除此之外，生物对重金属元素的吸收不是一个快速的过程，而是一个逐渐累积的过程，一些生物会富集大量的金属元素，对生物本身造成伤害的同时，也可能通过食物链对人体造成巨大的伤害。

第四节　农用地土壤重金属污染状况分析

一、重金属在土壤中的迁移转化

（一）迁移转化的方式

重金属元素融入土壤之后，会经过一系列的物理反应、化学反应，从而形成最终的状态。不同重金属元素之间的反应是不同，虽然有些反应是相似的，但是并不是完全一致的。重金属元素在土壤中的反应主要依据其在土壤中存在的形态，也就是重金属元素的来源。土壤中重金属元素迁移转化的规律可以分为很多种，其中主要的有物理迁移、物理化学迁移、生物迁移等。

1. 物理迁移

物理迁移指的是重金属元素进入土壤之后，在迁移过程中是不改变其化学性质和总量的。土壤中的重金属元素以本来的形态以水为载体不断地进行迁移；除此之外，土壤中的重金属元素也可能存在于土壤颗粒中以水为载体不断地被机械式地搬运迁移。因此，土壤中的重金属元素在迁移过程中的速度是由水体的流速和该重金属离子在不同土壤中具备的阻滞系数所决定的，土壤中的重金属离子的迁移速度的公式具体如下。

$$V_{me} = V_w \left(\frac{1}{R_d + 1} \right) \qquad (3\text{-}3)$$

式中：

V_{me}——土壤中重金属离子迁移速度（距离/时间）；

V_w——土壤水流速度（距离/时间）；

$\dfrac{1}{R_d + 1}$——该重金属离子在土壤中迁移时的阻滞系数。

其中 R_d 为离子分布常数，R_d 与土壤胶体对重金属离子的吸附量呈正相关，与土壤溶液浓度和土壤含水量的百分数乘积呈负相关。

$$R_d = \frac{Q_i}{C_i \times w\%} \qquad (3\text{-}4)$$

式中：

Q_i——该土壤胶体的等温吸附量；

C_i——该土壤平衡溶液浓度；

$w\%$——土壤水的含量百分率。

上式进一步展开得到如下式子。

$$V_{me} = V_w \left(\frac{1}{\dfrac{Q_i}{C_i \times w\%} + 1} \right) \qquad (3\text{-}5)$$

根据上述公式，可以得出：土壤吸附量越大，土壤中重金属移动的速度越低；土壤溶液浓度和土壤含水量百分数越高，土壤中重金属移动的速度越快。由此可知，重金属元素在土壤中迁移的速度、富集的速度及数量的变化都会受到环境的影响，这个影响过程是必然的，是有规律的。

2. 物理化学迁移

物理化学迁移指的是重金属元素进入土壤之后，土壤胶体对重金属元素的吸附。在土壤颗粒吸附重金属元素的过程中，主要是有机腐殖质胶体对重金属元素的吸附，在重金属元素的分布和富集上发挥重大的决定性作用。我们通常将胶体吸附分为两种类型，一种是非专性吸附，另一种是专性吸附。

非专性吸附指的是土壤胶体微粒吸附重金属离子，主要是因为由土壤胶体微粒所携带的电荷与重金属离子所携带的电荷是不同的。不同土壤胶体微粒吸附重金属离子的类型是不同的，并且吸附时的紧密程度也是不同的。土壤胶体微粒所携带的电荷是负电荷，土壤胶体微粒吸附的是重金属阳离子，其吸附规律具体如下：重金属阳离子的价数与土壤胶体微粒的吸附能力成正比，价数越高，吸附能力越强；等价离子的代换能力与原子序数的关系呈现正相关，原子序数越大，等价离子的代换能力越强；等价离子的代换能力与土壤重金属阳离子的运动速率也呈现正相关的关系，代换能力随着运动速率的提高而增强。土壤胶体所吸附的金属离子的种类，主要是由两方面决定的，一方面是土壤胶体的性质，另一方面是金属离子之间的吸附能力。

专性吸附，又被称之为配位体交换，也就是土壤胶体表面所携带的电荷的正负极是不确定的，所携带的可能不是正电荷，也可能原来所携带的正电荷经过变化，已经变成了负电荷。此时，土壤所吸附的阴离子并没有处于扩散层，而是处于土壤胶体内部，并与金属离子氧化物表面的配位阴离子进行了交换。

3. 生物迁移

生物迁移的过程中，对重金属元素发挥主要吸收作用的是植物，重金属元素被吸收后在植物体内进行了累积。植物死亡之后，如果没有迁移到土壤之外的地方，那么植物死亡体就会在土壤表面氧化分解，这个过程中植物体内积累的重金属元素又会再一次进入土壤之中。植物在生长的过程中，重金属元素会通过食物链进入人体或者动物体中，这就导致重金属元素被迁移到了土壤之外的地方了。如图 3-4-1 所示，图中所显示正是土壤中重金属的生物迁移途径。

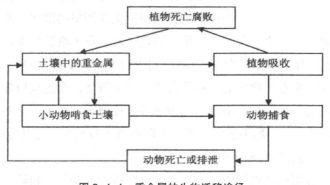

图 3-4-1　重金属的生物迁移途径

一般情况下，重金属元素进入土壤之后，大部分被土壤颗粒吸附，主要在土壤表层进行了积累，基本不向土壤底层迁移。在大量的研究中发现，重金属的数量和形态在土壤剖面中所呈现的规律均为显著的垂直分布规律。在土壤表层30 cm 以内，重金属元素的含量呈现最高值，即农业耕作层是重金属元素的主要聚集地。如果在土壤 pH 偏低或者污泥施用率偏高的情况下，重金属元素能够向土壤深层 2 m~3 m 处迁移。在植物忍耐程度范围内，植物体内重金属元素的含量与土壤中重金属的含量成正比，重金属元素在植物体内的不同位置富集量也是不同的。一般情况下，重金属元素在植物根部的富集量最多，其次是植物的叶和枝，最后是植物的果实；植物根部的类型不同，重金属元素的含量也是不同的，例如须根中重金属元素的含量是高于块根的；不同的叶子，重金属的含量也是不同的，例如植物老叶中的含量要高于新叶。植物并不是对土壤中所有的重金属都能够进行吸附。通常情况下，易于被植物吸收的金属元素是可溶性的或者是以离子化合物形态存在的，其次能够被植物吸收的是交换态和络合态的重金属离子，最难以被吸收的是比较难溶的重金属离子。植物对土壤中重金属的吸收是一个生物化学过程，也是一个动态平衡的过程。

（二）影响土壤重金属迁移转化的因素

土壤具有开放性，土壤内部元素之间及土壤与外部环境相连接的元素之间在不断地进行着交换。因此，土壤中含有的各个化学元素也在内部和外部进行着不断的迁移和转化。

1. 土壤外界环境因素的影响

（1）气候因素

①水分。在土壤形成的过程中，主要进行的是风化作用，风化作用主要是在以水为媒介的各种化学作用中进行的，例如风化作用中的溶解、水解、沉淀等化学过程都是必须要有水参与的。土壤中的化学元素在土壤胶体中进行了吸附和代换作用，在这个作用的过程中，水参与了土壤中的化学元素的迁移、聚集和分散。在风化作用中，岩石矿物中的一些化合物遭到了破坏，而这被破坏的化合物中的一些元素在水的作用下可以由原来的固态转变成液态，而另外一些元素可以变成胶体态。除此之外，土壤中所含有的易于形成离子的元素都可以转化成溶液状态，如碱金属（不包括镀）、碱土金属、卤素等。

②温度。在温度的促使下，岩石可以进行机械的崩解、粉碎，而且也能够促进岩石中元素的迁移。土壤中化学反应的速度随着温度的变化而变化，土壤中水的解离度也会随着温度的改变而改变。温度发生变化的同时，物质的蒸发、溶解

和沉淀也会随之变化，进而对土壤化学元素的迁移产生影响。如果一个地区降水量高于蒸发量，那么土壤的水分含量就会相对大一些。土壤一般会有淋失的影响，土壤中大多数元素会随着水分的向下和横向渗透从而向下或者横向进行异地迁移。如果一个地区蒸发量高于降水量，那么土壤中的化学元素会受强烈毛细管水上升的影响向上层土壤进行迁移。

③光照。光照能够为土壤带来热量、电磁波（光波），也能够为土壤提供光化学反应的条件。土壤中的物质在光照的条件下进行光化学反应，土壤中的许多物质在光照的参与下才能发生分解。在各种化学反应的过程中，土壤的化学元素也在进行着迁移。不同的地区，光照的时间、强度、长短也是不同的，进而对土壤中化学元素迁移的影响也是不同的。

（2）岩石因素

不同的岩石矿物，其化学成分和抗风化的能力是不同的，这也能够影响土壤中化学元素的迁移和转化。我们可以以岩石矿物中的金属硫化物为例，金属元素以金属硫化物的形式进行迁移的过程为：一般首先进行氧化反应，进而转化为各种金属盐类，再溶于水，随着水的流动进行迁移，在迁移的过程中能够分解出 H_2SO_4，从而使介质酸化，使得黄铜矿经过氧化成为 $CuSO_4$ 和 $FeSO_4$、方铅矿氧化为 $PbSO_4$、闪锌矿氧化为 $ZnSO_4$，这些分解的金属盐类的溶解度是不同的，因此迁移的能力也是不同的。除此之外，因为原生矿物的结构、成分等不同，所以所拥有的抗风化的能力也是不同的。总之，矿物质被风化的难易程度与矿物质中所含元素迁移转化的难易程度是呈正相关的，矿物越容易被风化，所含的化学元素越容易被迁移和转化。

（3）生物因素

生物因素，主要是指自然界中通过植物对土壤中元素进行吸收、转化、分解等，在土壤内部之间和土壤与外部环境之间进行物质交换过程，这个过程影响着土壤中化学元素的迁移和转化。生物，主要是指植物，经过有选择地吸收土壤中的化学元素，使土壤中的化学元素发生迁移和转化。土壤中化学元素在植物体内累积的过程中，一部分保留在了植物体内，一部分则在植物体内进行了转化，为植物所利用。太阳能在生物吸收土壤化学元素的过程中发挥着重要的作用，土壤中的化学元素被生物吸收之后转化形成了一些有机化合物，之后又在微生物的作用下，经过分解，将这些化学元素转化为了岩石矿物，从而继续进行生物循环。

2. 土壤内部因素的影响

土壤条件不同，土壤中重金属元素的存在的形态也是不同的，从而影响土壤中重金属元素的迁移和转化，也影响着农作物对重金属元素的吸收。

（1）土壤的氧化—还原条件

土壤中各物质不断进行氧化还原过程，因而土壤是一个氧化—还原体系，也是一个由众多无机物和有机物进行氧化—还原过程的复杂体系。在无机体系中，多数的重金属元素的价态具有可变性，同时还存在氧体系、铁体系、硫体系和氢体系等。其中比较明显的氧化—还原体系有两种，一种是 O_2-H_2O 体系，另外一种是硫体系，这两种体系对重金属元素价态的变化发挥着重要作用。

① O_2-H_2O 体系。土壤中所含有的氧主要的来源是大气中的氧。经过自然降水和人工灌溉可以将大气中的氧溶解于水中，从而将大气中的氧带入土壤中。一些植物自身可以分解出氧，例如水稻田中的稻根可以分泌出氧，藻类经过光合作用也可以放出氧，这也是土壤中氧的来源之一。

② H_2 体系。干旱状态的土壤中氢气的含量是很少的，但是在水淹的状态下，在具有强烈还原状态的土层中常常有氢气的积累。

O_2-H_2O 体系和 H_2 体系之外的其他体系介于 O_2-H_2O 体系和 H_2 体系之间，因此可以说 O_2-H_2O 体系和 H_2 体系是土壤氧化—还原体系的两个极端，构成了土壤氧化—还原电位的上限和下限。

③硫体系：硫在土壤中所存在的形态是无机和有机两种形态，硫在土壤中的含量一般为 0.05%。经过氧化反应，硫会以硫酸盐的形式存在于土壤中；经过还原反应，硫会以硫化氢或比较难溶的金属硫化物的形式存在于土壤中，这样会使得硫不易进行迁移，降低了硫的生物可降解性和生物毒性。

土壤中氧化还原反应对重金属元素的存在形式产生了重要的影响，进而能够影响重金属元素的化学行为、迁移能力和生物有效性。

（2）土壤酸碱性

土壤 pH 对土壤中重金属元素存在的形式发挥着重要的作用，同时土壤对重金属的吸附能力及重金属元素的在土壤中的溶解度也受土壤 pH 的显著影响。一般情况下，土壤胶体的所携带的电荷数为负值，而土壤中重金属元素大部分所携带的电荷数为正值。因此，土壤的 pH 越小，土壤对重金属元素的吸附能力就越弱，从而重金属元素的迁移能力就越强；相反，土壤的 pH 越大，土壤对重金属元素的吸附能力就越强，从而植物对重金属元素的吸收就越少。如果土壤呈碱性，重金属元素进入土壤后一般以比较难溶的氢氧化物的形态存在，此时重金属元素的溶解度就相对较小，致使重金属离子在土壤溶液中的浓度比较低。在土壤中，植物根系往往会分泌有机酸物质，导致植物根系周围的土壤 pH 偏低。一般情况下，根毛处土壤的 pH 比主根处土壤的 pH 低。在农业活动中，向土壤进行施肥的行为能够提高土壤的酸性。除此之外，土壤的酸性的强弱也会受到微生物的影响，微生物的活动能够提高土壤的酸性。

（3）土壤胶体的吸附作用

重金属元素的固定性受到土壤中无机和有机胶体的影响。一般情况下，土壤中重金属元素存在的形式为以下两种。

①胶体状态。湿润气候地区，在土壤呈现酸性的条件下，土壤中重金属元素一般以胶体的状态存在，例如铁、锰、铬、钛、钼、砷等元素可呈胶体形式存在，铜、铅、锌等也部分呈胶体形态迁移。

②固体状态。多数重金属元素从不饱和溶液中转化为固体状态，一般是通过被土壤吸附固定的方式，这种方式也是造成土壤重金属污染的主要原因之一。土壤对重金属元素的吸附能力受到土壤胶体代换能力的影响，同时也会受到重金属元素在土壤中的浓度和酸碱度的影响。

土壤胶体对重金属元素的吸附后，金属元素所处的位置可以分为两种，一种是重金属元素处于土壤胶体表面，这样的重金属元素能够被轻易释放；另外一种是处于胶体矿物的晶格内，这样的重金属元素是很难被释放的，从而降低了重金属元素迁移性。

（4）土壤中重金属的络合—螯合作用

土壤对重金属元素除发挥着吸附作用之外，还发挥着络合—螯合作用。一般情况下，土壤所含有的金属离子浓度比较高时，土壤对重金属元素主要发挥着吸附作用；相反，浓度偏低时，土壤对重金属元素主要发挥着络合—螯合作用。在无机配位体中，对一些重金属难溶盐类产生重要影响的因素主要有两种，一种是金属与羟基的络合作用，一种是金属与氯离子的络合作用。重金属与羟基的络合作用本质是就是重金属离子所进行的水解反应。在 pH 较低的条件下，重金属可以进行水解，一些重金属的水解能够有效增加重金属氢氧化物的溶解度，如汞、镉、铅、锌等离子。金属与羟基的络合作用发生的条件比较有局限性，在含盐土壤中氯离子浓度较高的情况下才会发生。

土壤中存在着腐殖质，它是一种有机质，含有氨基、亚氨基等配位体，能够非常牢固地与金属离子进行螯合，故而腐殖质的螯合力很强。在土壤中，影响螯合物稳定性的因素之一即"金属离子性质"，当螯合基通过离子键与金属离子进行结合时，形成配位化合物的难易，取决于中心离子的离势，离势越大，在形成配位化合物上就越有利。

（5）土壤微生物作用

土壤中存在着大量微生物，其种类繁多、数量庞大。若我们要研究土壤中重金属的归宿，那么就避不开微生物，因为后者对于前者来说起着至关重要的作用。例如，微生物体，或者微生物体代谢产物，在与镉进行络合后，不仅能够对镉加以固定，还能够对镉的生物有效性产生一定的影响，这一结论已经经过了实验验证。经由一些途径，如生物转化作用、生理代谢活动，微生物可以降低金属所含有的毒性，原来为"高毒状态"的金属，在微生物的作用下，便可以转变为"低毒状态"。由此可见，在土壤中，微生物能够在很大程度上影响重金属离子，通过归纳总结，我们可以得出如下几点结论。

①胞外络合作用

多糖、糖蛋白等都属于胞外聚合物，它们可产生于部分微生物。这些胞外聚合物中存在着非常多的阴离子基团，可结合金属离子；金属螯合剂可产生于部分微生物的代谢产物，如柠檬酸，它就具有较强的螯合能力；再如草酸，它与金属结合后，所生成的是不溶性草酸盐沉淀。

②胞外沉淀作用

当处于无氧环境中时，金属离子作用于硫化氢（产生于硫酸盐还原菌及其他微生物），形成硫化物沉淀，它同样不具有溶解性。

③金属的微生物转化

无论是氧化、还原还是甲基化作用，又或是去甲基化作用，它们都是微生物对重金属进行转化的方式。通过对现有研究进行总结，我们可以发现，很多情况下，质粒或者转座子抗性基因，都决定着微生物对重金属的抗性，而它们来自细胞染色体的遗传物质。这些抗性基因对金属解毒酶进行编码，使其对金属进行催化，将原本具有高毒性的金属渐渐向低毒状态转化。汞离子能够被细菌、放线菌和部分真菌进行还原，还原后的产物为单质汞。在这种情况下，汞这种重金属就不会继续对土壤造成污染，或是通过挥发离开土壤，或是转为沉淀。有机汞裂解酶会先对有机汞化合物进行分解，将其"变"为 Hg^+ 和相应的有机基团，继而出现"单质汞"这一还原产物。微生物可对许多金属实现甲基化，汞、铅、硒、砷等都"名列在册"。不过，不同金属的甲基化产物毒性也有所不同。例如，硒被甲基化后，其产物的毒性相较之前有所降低；然而汞就有所不同，它被甲基化后得到的是带有剧毒的产物。细菌可以对 Cr^{6+} 进行还原，得到 Cr^{3+}，而微生物在对 As^+ 进行氧化后，能使得原来处于高毒状态的 As^+ 变为 As^{5+}，后者往往更容易通过 Fe^{3+} 进行沉淀。

（6）土壤根际的富集和降毒

在土壤中，有一处微域环境，植物根系及根系的生长活动都会对其产生很大的影响，我们称这样的区域为"土壤根际"。之所以说它是"微域环境"，是因为这一处区域仅仅占据 0.1mm~4mm，面积十分微小。但是，就是在这样微小的区域中，植物根系对土壤有着不容忽视的影响。无论是作物的生长发育、作物的抗逆性，或者作物的生产力，都直接关联着土壤根际的各种环境（包括物理环境、化学环境、生物环境）。在酸碱性、氧化还原性及微生物组成等方面，与非根际环境相比，根际环境都有自身的独特特征，这些差异正是由植物根系存在的分泌作用造成的。因此，当我们观察两种环境中的重金属时，不难发现其在含量、分布，包括迁移转移机制等方面都有所不同，各具特点。

①根际氧化还原屏障形成

"氧化—还原"状况在根际环境与非根际环境中的差异十分显著，这同样源于植物根系所产生的作用。

氧化—还原状态决定着很多重金属元素的溶解情况。例如，当铁、锰离子处于氧化态时，它们的溶解度就要低于处于还原态时的溶解度。如果植物根际在还原性基质上生长，那么当氧化态微环境产生于此的时候，就会出现这样的情况：即存在于土壤中的还原态离子想要去向根际区域，就需要穿过上述所说的氧化区域，在这一过程中，游离金属粒子被氧化，变成氧化态，溶解度大大降低，因而活度也随之显著降低，其对土壤的污染毒害自然也随之下降。与之相反的是，如果植物根际在氧化性基质上生长，那么根系的分泌物中就更多地存在着还原性物质，这是因为无论根系进行呼吸还是根系中的微生物进行呼吸，都会消耗掉氧气。在活性和有效性上，变价金属元素都会受到土壤自身存在的还原条件的影响，如还原去除 Cr^{6+}、固定微生物等。在溶液中，细菌细胞壁和原生质膜阴离子可以对镉进行结合，如果处于还原条件下，镉的情况不会发生改变，然而一旦变换成好氧条件，那么镉会再次发生迁移，即被释放回溶液之中。

②根际 pH 屏障形成

根际环境的 pH 受到很多方面的影响，如有机酸和 CO_2，前者来自根系分泌，后者则来自植物根系呼吸和微生物代谢。在根际环境之中，重金属究竟是处于固定状态还是活化状态，很大程度上取决于这一环境中的 pH 变化。通常来说，重金属的毒性和 pH 呈负相关：当后者变低时，前者升高；当后者变高时，前者降低。这是因为在 pH 处于降低状态时，会溶解并释放碳酸盐与氢氧化物结合态重金属，同时更多地释放吸附态重金属，在这种情况下，重金属会出现更多的活化；

与之相对的，在 pH 处于增高状态时，重金属能够更多地得到固定，从而降低其迁移力，毒性自然也随之减弱。

③根系分泌物的络合作用

当植物不断生长活动时，根系也在不断进行分泌。通过对其分泌物进行研究，我们不仅可看到 H$^+$ 和其他无机离子，还能看到许多有机物质及高分子凝胶物质，这些都被源源不断地输送入根际环境之中，并且起着非常重要的作用。它们既能够对根际 pH 加以改变，也能改变氧化还原状态，还可以对重金属进行吸附，或是与它们产生络合作用、螯合作用及还原作用，并通过这些途径增加元素的溶解性、移动性。根系分泌物中也有多糖、脱落的细胞组织等许多不溶性化合物，它们也能够有效地对重金属产生的毒害加以抵御。作为一种配位体，根系分泌物有着非常重要的作用。例如，当植物遭遇"铝胁迫"时，大量的柠檬酸自根系被分泌而出，这可能就是植物在给自己"解毒"，属于生物解毒机理。部分学者表示，柠檬酸与铝螯合后，其产物可以让铝降低在膜脂上结合的能力，同时降低铝进入人工脂质囊泡的能力。除此之外，对于重金属在土壤中产生的化学行为，根系分泌物进行络合作用后形成的络合物也能直接产生制约。综上所述，当重金属在土壤中向植物根系进行迁移转化时，会遇到根系分泌物，并被其过滤。因此，根系分泌物也起到"过滤器"的作用。

④根际微生物效应

在根际环境中，微生物有着旺盛而活跃的活动，因为它们可以从根系分泌物的作用中得到所需能源物质，如碳水化合物、氨基酸、维生素等。非根际区域内的微生物数量要远远低于根际区域内微生物数量，后者大约是前者的 5~40 倍。当然，根系分泌物对根际微生物的影响远不止如此，如果它的组成出现变化，那么同样会影响到根际微生物的组成与活性。而根际微生物又对根际土壤产生着不容忽视的影响，无论是根际土壤性质的改变、土壤中养分的有效性还是对重金属的固定活化等，都与根际区域的微生物活动有着密不可分的联系。尽管我们知道，对于微生物而言，重金属存在着一定的毒害作用，但是同时也要看到，仍有一部分微生物"生命力顽强"，能够存活于重金属浓度较高、污染较严重的环境中，并可以实现继续生长，具有较强的适应能力。透过这一点我们可以明确，微生物有着对重金属的抗性，并且自身具有相应的解毒机制。那么微生物是如何减轻重金属造成的伤害的呢？主要途径有如下几种：①在细胞外进行沉淀与络合；②在细胞内进行束缚与转化；③主动分泌金属离子。例如，部分微生物、藻类可以产生以多聚糖、糖蛋白、脂多糖为主要成分的胞外聚合物，这些成分中往往存在着许多阴离子基团，当阴离子基团络合于重金属时，就会起到解毒作用；再如，柠檬酸、草酸等微生物代谢产物，或是螯合于重金属，或是与之结合形成不可溶的草酸盐沉淀，从而大大降低了重金属对土壤的污染与伤害。许多微生物的细胞壁能够和污染物进行结合，这是由其化学成分及结构决定的。细胞壁对重金属离子进行固定主要遵循以下机制，即细胞壁中磷壁酸的磷酸二酯和糖醛酸磷壁酸的羧基让细胞壁携带电荷，从而可以结合重金属离子。由于土壤环境中长期存在重金属离子，久而久之，一种特殊的微生物也随之诞生于自然界，这种微生物对重金属离子自带抗性，能够使其转化，从而达到解毒的效果。

然而，有一点我们要特别明确，微生物无法对金属离子进行降解，它们只能让金属离子在不同形态之间转化，或是分散，或是富集。故而，微生物对重金属离子的作用与影响主要在于改变它们在土壤中的存在状态，继而降低其毒性，而非对其进行降解。

（7）土壤有机质的作用

在土壤中，有机质能够吸附重金属，并且其效果十分明显。有机质能够改变存在于土壤溶液中的重金属形态，还能对土壤胶体表面性质加以改变，这些都会对吸附重金属产生较大影响。腐殖质是土壤中天然有机质的主要组成部分，腐殖质中存在腐殖酸、胡敏酸，二者能够络合重金属，产生不易溶的络合物，继而降低重金属的迁移力，也降低它对土壤与植物体系的伤害。不过同时我们也要注意，当富里酸与重金属络合后，其产生的络合物会具有较大的溶解度。如果土壤属于农业土壤，那么在农民对土壤使用有机肥，或是用污水对土壤进行灌溉的过程中，土壤中有机质的含量也会随之增加。有机质中含有有机络合剂，部分能够络合铜、镉、汞，一方面能够让游离重金属离子在土壤中的含量变低，另一方面也能沉淀溶解部分重金属离子，对重金属的生物有效性予以提高。了解上述这些特征，我们就可以对其加以利用，从而更好地对受到重金属污染的土壤进行修复，降低重金属对植物与农作物的危害，也降低它们对人类的损害。

3. 土壤化学元素及其化合物的化学键和极性

对土壤化学元素迁移转化产生影响的主要内在因素有两种，其一为"化学键"，其二为"极性"。

（1）化学键

元素的稳定性，以及元素的热力学性质（如熔点、沸点）都会与元素自身的迁移、转化产生关联。通常来讲，元素的化合价和其熔点、沸点成正比，同时和其迁移能力成反比。从实际情况来看，在一定条件下，土壤中的很多元素往往以化合物的形式存在，因此应当是化合物的热力学性质（熔点、沸点等）决定着元素迁移能力。而从另一个角度看，化学键又与化合物的热力学性质有关联。如果一种化合物是以离子键结合的，那么这种化合物的离子之间具有更高的引力、更高的熔点，而这些都会对元素的迁移产生不利影响；如果一种化合物是以共价键结合的，由于共价键十分牢固，那么元素的迁移能力自然而然也会降低；而以配位键结合的化合物，同样深深影响着元素的迁移转化。

（2）极化

原子核会吸引或排斥电子，其具体表现即为"极化"。一方面，化合物的稳定性受到极化的影响，由此可知极化也与元素的迁移能力有着直接或间接的关联；另一方面，极化还可以对元素的化学键进行改编，能够对络合物的形成产生影响。例如，亲铜元素具有非常强大的极化性，当它与重金属元素进行络合时，就会大大提升络合物的形成能力，同时，当极化性增长时，络合物的形成能力也会随之再提升。

当然，能够对元素迁移能力产生影响的因素不止化学键和极化两种，如离子半径、电离势、负电性等，都和元素迁移能力存在一定关联。

4. 土壤元素及化合物的迁移能力

在土壤中，不同元素、不同化合物有着不同的迁移能力，并且差距较大。通常来讲，在"迁移能力"榜单上，Cl 位居第一，而 Fe 和 Al 则排行最末；将 Cl 和 S 与 Si、Fe 和 Al 加以比较，我们可以发现，前者的迁移能力远胜后者成百上千倍。因此，在土壤中最先流失殆尽的是 Cl 和 S 等具有更高迁移能力的元素，接下来是 Ca、Na、Mg、F 等元素；Si、K、Mn、P 等元素由于迁移能力较弱，因此流失的也更少；排在最后的自然是 Fe、Al、Ti 等元素。在对元素迁移能力进行研究时，我们要明确一点，即元素自身所具有的物理性质、化学性质并不能完全决定其迁移能力。实际上，影响元素的迁移能力的因素有很多，都需要加以考虑。

5. 土壤地球化学伴生作用和拮抗作用

当土壤形成时，其中既有风化作用留下的产物，也有成土作用留下的产物，二者混杂一处，没有办法被彻底区分开来。通过几种伴生化合物相结合的方式，风化作用和成土作用的产物发生沉淀、堆积及迁移。产生这种现象的主要原因是两种产物有着非常相似的形成方式和相近的溶解度，同时它们也有着相近的生物作用及土壤地球化学作用。

一些存在于土壤中的元素和化合物无法实现累积，因为当它们彼此间进行反应后就会被破坏殆尽，我们称这种现象为"土壤地球化学的拮抗作用"。在土壤地球化学拮抗作用下产生的拮抗物包括土壤中碱金属的碳酸盐或碳酸氢盐和硫酸钙、碳酸钠和氯化钙、偏铝酸钠和硫酸钙。碱性成分在上述组合中被中和，而其进行反应所得到的产物则化为地球化学伴生对偶，如碳酸钙和硫酸钠、碳酸钙和氯化钠、氧化铝和硫酸钠。

二、农用地土壤重金属污染状况调查技术

农用地土壤重金属污染状况调查是一项繁重精细的工作，其过程主要分为点位布设、样品采集、样品制备和流转、实验室检测、数据分析等多个方面。农用地土壤重金属污染状况调查可分为三个阶段。第一阶段的调查工作主要分为三部分，一是对资料进行收集，二是对现场进行踏勘，三是对人员进行访谈。在第一阶段的时候，从原则上来讲，不会对现场进行采样分析。在第一阶段调查结束后，要对收集到的资料分类汇总，并以此为基础，与踏勘现场得到的结果和访谈收获的信息相结合，就"区域污染成因"和"区域污染来源"两方面进行调查与分析。同时，还要对现有资料能否对分类管理措施实施予以满足进行判断。如果得出的结论是，已有的资料可以对调查报告编制要求予以满足，那么便可以直接进行报告编制。

在第二阶段的调查过程中，主要对调查范围进行确定，对检测单元加以划定，布设监测点，对监测项目予以确定，继而对所采样本进行分析，最后评价、分析结果。在结束第二阶段的调查后，就可以对下列内容进一步明确：

（1）土壤污染特征；

（2）土壤污染程度；

（3）土壤污染范围；

（4）土壤对农产品安全的影响；

（5）其他有关内容。

在分析过程中，如果调查结果尚不能满足其要求，那么应当重新进行补充调查，直到分析要求能够得到满足。

第三阶段就是对上述调查结果加以汇总，同时对农用地土壤污染状况编制详细、实际而有指导意义的调查报告。

（一）资料收集、现场踏勘及人员访谈

1. 资料收集

（1）收集土壤环境和农产品质量资料

在收集资料时，重点收集如下内容。

①和调查区域有关的土壤污染情况的详细数据；

②和农产品产地有关的土壤重金属污染普查数据；

③和多目标区域有关的地球化学调查数据；

④不同级别土壤环境监测网所得出的监测结果；

⑤土壤环境背景值；

⑥其他和土壤环境、农产品质量有关联的数据；

⑦对造成土地污染原因的分析和对风险进行评估的报告等。

（2）收集土壤污染源信息

在调查区域内，要注重对如下内容进行收集，要掌握对土壤造成污染的重点行业企业的类型及它们的空间位置分布，生产所使用的原料、辅料，生产所采用的工艺，还有产污、排污情况；掌握农业灌溉用水从何而来，源头在哪；掌握农业投入品（如农药、化肥、农膜等）在使用过程中的情况，并且了解处理处置畜禽养殖废弃物的情况；掌握堆存固体废物、处理处置场所分布，同时还要掌握它们影响周边土壤环境质量的情况；掌握污染事故是何时发生的，在哪里发生的，属于何种类型，有着何种规模，产生了何种影响，已经采取怎样的应急措施；等等。

（3）收集区域农业生产状况

区域农业生产状况包括是否对土地进行了有效利用及最终利用效果，种植了多少种农作物，各种类农作物的分布，农作物的种植面积及产量，包括种植时的制度和耕作时的习惯等。

（4）区域自然环境特征收集

在收集区域自然环境特征时，既要保证收集的重点性，也要保证收集的全面性，具体包括区域的自然气候、地形地貌特征、土壤的类型、水文特征、植被情况、发生的自然灾害情况、地质环境等。

（5）收集社会经济资料

社会经济资料主要包括调查地区的人口情况、农村劳动力情况、工业布局情况、农田水利情况、农村能源结构情况，还应掌握该地区人均收入水平情况，了

解有关的配套产业基本情况等资料。

（6）其他相关资料收集

调查地区的行政区划、土地利用现状、城乡规划、农业规划、道路交通、河流水系、土壤环境质量类别划分等图件、矢量数据及高分遥感影像数据等。

2. 现场踏勘

（1）踏勘方法

在对踏勘情况进行记录时，可以采用拍照、录像及记笔记等方式，如有必要，还可以通过快速测定仪器对现场进行取样检测。需注意的是，要具体分析现场实际情况，并以此为根据采取相对应的、有效的防护措施。

（2）踏勘内容

要对调查区域所处的位置、所涉及的范围、道路交通及地形地貌、自然环境、农业生产现状等情况进行现场踏勘。还要对已经拥有的资料进行检查，如果有存疑问题或者不够完善之处，要有针对性地结合现场踏勘进行再核实、再补充、再完善。

对于那些在调查区域内土壤或农产品的超标点位，曾经发生过事故（如泄漏、环境污染）的区域，以及其他污染痕迹明显，存在农作物异常生长情况的区域。对于调查区域土壤污染源的有关情况，也要进行现场踏勘，对其观察记录，主要包括如下内容：①堆存固体废物情况；②处理处置畜禽养殖废弃物情况；③灌溉水及灌溉设施情况；④工矿企业的生产及污染物产排情况，如生产过程和设备、平面布置、储槽与管线、污染防治设施，以及原辅材料、产品、化学品、有毒有害物质、危险废物等生产、贮存、装卸、使用和处置情况；⑤污染源及其周边污染痕迹，如罐槽泄漏、污水排放，以及废物临时堆放造成的植被损害、恶臭和异常气味、地面及构筑物的污渍和腐蚀痕迹等。现场踏勘污染事故发生区域位置、范围、周边环境及已采取的应急措施等，对污染留下的痕迹和气味进行观察与记录。在现场踏勘时，可以利用快速测定仪器对现场进行检测，对各类影响因素进行综合考量，如事故发生在何时、事故属于何种类型、事故规模如何、产生污染物属于哪些种类、污染途径有哪些、地势情况如何、风向情况如何等。对所关注的污染物及土壤受到污染的范围情况进行初步界定，如有必要，还可以初步对其采样，在实验室内进行分析。

3. 人员访谈

（1）访谈对象

受访者应当包括以下人员：①调查区域内承包经营农用地的人；②调查区

域内曾经存在过或现在存在的工矿企业的生产经营人员（包括管理人员、技术人员），对企业有所熟悉的第三方也应在列；③当地生态环境、农业农村、自然资源等行政主管部门的政府工作人员；④污染事故责任单位有关人员；⑤对应急处置工作进行参与的知情人员。

（2）访谈办法

在对上述人员进行访谈时，既可以通过当面交流的方式，也可以通过电话、电子设备进行交流，还可以发放书面调查表请有关人员进行填写。在访谈过程中，要做好拍照、录像、录音等记录工作。

（3）访谈内容

访谈内容主要包括在收集资料、踏勘现场过程中发现的问题，信息上的补充及对已经掌握资料的考证。如果访谈是有关污染事故的，那么还应当通过访谈详细记录污染事故发生于何时、何地、属于何种类型、规模如何、整个污染事件发生的经过、影响有多大及采取了怎样的应急措施等。

4. 信息整理与分析

当进行完资料收集、现场踏勘和人员访谈后，要系统地对所获得的资料、信息进行整理、汇总，并在此基础上具体分析可能造成农用地土壤污染的原因，以及污染可能的来源。同时，还要对已获得的资料进行进一步判断，检查这些资料是否能够充足地确定对调查区域土壤污染的特征、程度、范围和对农产品安全的影响，能够对编制调查报告的要求予以满足。

（二）布点和采样方案的编制

如果需要进入第二阶段调查，那么在正式采样之前，参考《农田土壤环境质量监测技术规范》（NY/T 395—2012）和《全国土壤污染状况详查总体方案》的要求，对采样的方案进行翔实细致的编制。采样方案涉及多项内容，包括任务部署、人员分工、点位的布设、采样方法、采样准备、采样量和样品份数、样品交接和注意事项等内容。

由于土壤采样费时费力，样品化验分析成本较高，土壤采样点的合理分布位置和数量的确定十分关键，如果布点不当，不仅土样没有代表性，得到的数据没有意义，而且会造成人力财力的无谓浪费。因此，在给定采样数量的前提下，确定最佳的采样点布置方案，不仅可以提高采样效率和降低采样成本，而且对精准评价土壤重金属污染状况具有重要价值。

（三）采样单元的划分

如何定义采样单元，对于土壤采样数目的确定起到非常重要的影响。对土壤采样单元的定义不同，在确定土壤采样区域面积及确定采样数目时，都会出现不同的结果。现实中，各个国家、各个组织在定义土壤污染物采样单元时给出了不同的"答案"。例如：联合国粮食及农业组织（FAO）将土壤采样单元定义为"最小的土地单元"，相似的土壤污染情况存在于采样单元内；美国州际环境技术与规则委员会（ITRC）则将在抽样理论中基于采样物的平均浓度可以代表的土壤面积、体积的区域称为"决策单元"，一般来说，决策单元的组成部分为一个或者多个采样单元；而欧洲国家在对土壤污染物采样单元进行确定时，往往会综合考虑多种因素，如土地利用情况、历史背景情况、地址水文情况等。

（四）采样点位的布设

"哪里有污染就在哪里布点"是由《农田土壤环境质量监测技术规范》确定的布点原则。也就是说，我们要在已经确定遭受污染或者被怀疑有可能遭受污染的地方布设监测点。同时，要了解污染的类型以及特征，并据此选择布点的方法。

（1）大气污染型土壤。首先要找到大气污染源，将其作为中心进行放射状布点。在布点时需注意密度问题，即以中心为起点，越向外则越为稀疏，且同一密度圈内的布点要尽可能地均匀。同时，要明确大气污染源的主导风向，在这一方向上要对监测距离进行适当地延长，并对布点数量进行适当地增加。

（2）灌溉水污染型土壤。首先要确定纳污灌溉水体，在它的两侧进行布点。要按照水流方向，采取带状布点法进行布点。以灌溉水体的纳污口为起点，同样是越向外则越为稀疏。同时，在每个引灌段要保证布点尽量均匀。

（3）固体废物堆污染型土壤。在布点时，既要考虑该区域的主导风向，又要考虑该区域的地表径流，可以采用放射布点法、带状布点法。

（4）地下填埋废物堆型土壤：对填埋位置进行确定，以此为依据，在布点时可以使用多种形式。

（5）农用固体废物污染型土壤。对农用固体废物情况进行调查分析，如果在施用时，种类、数量和时间能够基本一致，那么可以选择均匀布点法进行布点。

（6）综合污染型土壤。要对该区域内主要污染物进行确认，以排放主要污染物的路径为主，在布点时可以综合选用多种布点法，如放射布点法、带状布点法、均匀布点法等。

（7）在监测污染事故调查等时，需要对监测区的污染程度进行考察，这时就需要布设相应的对照点。在布设对照点的时候，要注意其"对照"需求，将其布设在和监测区域在土壤类型、耕作制度等方面具有一致性或相似性的地方。同时，还要注意，对照的区域需要相对来说未遭受过污染。还可以在监测区域对不同深度的剖面进行采集，以采集到的样品作为对照点。

（五）土壤样品的采集

1. 土壤样品的采集方法

（1）采样点的确认

按照监测方案上的要求，首先明确目标采样点的经纬度位置，其次对周围环境进行仔细观察判断，分析这一区域能否满足土壤采样的基本要求，能否与布点原则相符合，最后在允许的范围内择优确定采样点，并对实际采样点的坐标进行详细记录。如果存在多点混合采样坐标，则应当明确中心采样点，并以此为准。

要特别注意的是，部分地点不可被作为采样点，如不具备代表性的陡坡地、湿地和低洼积水池；再如，住宅、道路、沟渠、粪坑等，这些地点很容易受到人为活动的干扰。

（2）采样方法

要从调查与检测的目的出发，以此为依据确定土壤采样的深度。例如，想要对土壤重金属污染情况进行一般性了解，可以采集 0~15cm 或 0~20cm（或耕作层）土壤，如果是种植果林类农作物，则需要采集 0~60cm 的土壤；再如，想要对土壤中重金属污染对农作物产生的影响加以了解，就要在耕层地表以下 15~30cm 采集土壤，如果农作物扎根较深，土壤采样深度也可拓宽到 50 cm；如果想要对重金属在土壤中的垂直分布加以了解，就需要挖掘土壤剖面，沿土壤剖面层次分层取样。

（3）土壤采样的注意事项

在对土壤布设采样点的时候，不可选在田埂、地头，也不可选在堆肥处。如果农田有垄，那么采样点就要设在垄间。进行采样时，要先对土壤表层进行清理，把那些植物残骸、碎石块之类的杂物全部清除。如果采样点生长着植物，那么还应当将土壤中的植物根系去除。在采集样品的过程中，应当少用铁铲之类的金属采样器，选择木铲、竹片作为工具，对样品直接进行采集。如果需要使用铁铲或土钻，那么也要将样品和金属采样器进行接触的部分用木铲刮掉，接着用木铲对样品进行收取。要注意，一个点位的采样工作完成后，要对使用的采样工具进行及时的清理，防止出现交叉感染的问题。土壤样品应避免在肥料、农药施用时及北方冻土季节采集。开展农产品与土壤协同采样时，应根据农产品适宜采集期来确定采样时期。受农产品实际采集期限制，可在坚持土壤样品和农产品样品同点采集原则下分步采集。

2. 样品标签

要事先准备好塑料自封袋，采集到土壤样品后，将其装入袋内，并及时将样品标签贴在塑料自封袋外（表3-4-1）。之后，在布袋中放入已经装好土壤样品的塑料自封袋，并进行封口，同时在封口处或系上或粘上另一份样品标签。这样可以有效防止标签上的字迹出现潮湿、模糊不清等问题。标签上内容应当简明扼要，包括样品编号、采集地点、土壤名称、采样人和采样时间。

表 3-4-1　土壤样品标签示例

土壤样品标签		
样品编号：		
采样地点：　　省/市　　　市/区　　　乡/镇　　　村		
经纬度：东经：　　　　　　　　　北纬：		
采样深度：　　　　cm	土壤类型：	
土地利用类型：		
检测项目：□理化性质　　□无机项目　　□有机项目		
监测单位：	合同编号：	
采样人员	采样日期：	

采样后，在采样现场，采样小组要及时自查土壤样品及采样记录，一旦发现存在样品包装容器破损、采样信息缺项或错误的问题，要立刻对其进行补救或更正。

3. 样品运输

在对样品进行装箱前，采样小组应当逐一检查样品数量是否准确、样品包装是否完好、样品保存环境是否适宜，还应再次核对样品登记表、样品标签、采样记录上记录的信息，确定没有任何问题后再分门别类对样品进行装箱，同时对土壤样品运输记录表进行认真填写。在装箱时，要细致地扎紧样品的袋口，避免其在运输过程中出现撒漏等问题；在将装好的箱子放入车辆中时，也要注意平稳摆放，不要胡乱堆叠；在运输土壤样品过程中，也要考虑到各种情况，防止损失样品，或者混淆、玷污样品。如果是使用玻璃瓶装取样品，那么样品的瓶与瓶之间也要做好隔离措施，这样就能很大程度上避免运输途中因颠簸等情况造成样品瓶的碰撞，避免出现破碎。如果样品在保存温度上有要求，需要冷藏贮存，那么在运输过程中就要维持好冷藏条件。

4. 样品交接

土壤样品送到指定地点后，交接双方均需清点和核实样品，并在样品交接记录表上签字确认，样品交接单由双方各存一份备查。

（六）土壤样品的加工

1. 样品加工目的

样品加工处理的目的是：剔除土壤以外的侵入体（如植物残茬、昆虫、石块等）和新生体（如铁锰结核和石灰结核等），以除去非土壤的组成部分；适当磨细，充分混匀，使分析时所称取的少量样品具有较高的代表性，以减少称样误差；全量分析项目，样品需要磨细，以使分解样品的反应能够完全和彻底；使样品可以长期保存，不致因微生物活动而霉坏。

2. 样品加工场地

土壤样品加工应分别在风干室、粗磨室、细磨室三处进行，切不可在一处工作，避免加工时混样和交叉污染。加工场地应保持清洁，经常用湿拖布擦洗地面，用湿布擦洗室内台、架、桌、椅等用具，减少样品间的相互影响和干扰。样品自然风干的房间应保持通风干燥，不可在阳光下暴晒样品。房屋四周植被要好，要远离马路，最好不在闹市区。工作场地在闹市区或者工业区的，则应封闭门窗并有通风除尘设备。要远离空气污染区，减少尘埃和大气污染对样品的影响。样品加工操作室的四壁与地面一律不能刷漆。

3. 加工工具与容器

土壤样品加工工具和容器一般不使用铁、铝等金属制品，最好选用木质和塑料制品。所需的工具与容器有：晾干样品用的无色聚乙烯塑料盘（或者白色搪瓷盘），放塑料盘用的木架、木夹，分装土壤样品用的 250 ml、500 ml 带塞磨口玻璃瓶，尼龙筛一套（数量视加工量而定），60 cm × 70 cm 有机玻璃板，有机玻璃棒，木棒，木滚，玛瑙研钵，玛瑙研磨机，塑料薄膜或桐油漆布，特制牛皮包装纸袋，等等。

4. 土壤样品的加工过程

样品的加工过程要历经风干、磨碎、过筛、混匀及装瓶等五个阶段，为方便后续测定使用，在加工之前要对采集回来的土壤样品进行编号。

（1）样品的风干

将采集的土样放在木板或塑料布上，铺成约 2 cm 厚的薄层，放在室内，定期用木棒或玻璃棒转动，使其通风并放在阴凉处干燥。为了保证土样风干均匀，避免完全干燥后形成硬块，难以研磨和完全风干，当土样处于半干燥状态时，必须捏碎大块土（尤其是黏性土壤）。在这方面，必须注意防止样品翻拌和捏碎过程中造成混合和污染。在土样风干过程中，必须随时收集和挑选动植物残留物，如石头和根茎、叶子、昆虫等石块和结核。为保证样品干燥现场的干燥和通风，防止粉尘污染，可使用排气扇。为了便于更好地审查和校对土壤标签，应使用竹夹将土壤标签夹在相应塑料板或塑料布的边缘上。对于风干后的土壤样品，要及时装回布袋并转移至样品加工室制备。

（2）样品的粉碎过筛

经过风干处理过后的土壤在样品加工粗磨室内进行粉碎过筛。样品粉碎过筛的一般流程为：首先，将经过风干处理的土壤样品应轻轻倒入钢玻璃底或者是木盘上，并用木棍或邮寄玻璃棒压碎，操作人员在这个过程当中要注意随时去除土壤中的杂质；用四分法分割压碎的样品分成两份（图 3-4-2）；利用 20 目尼龙筛，将所有筛分过的样品放置在聚乙烯 60 cm × 60 cm 的薄膜上，充分混合均匀，混合均匀的方法是依次上下提起方形薄膜的对角线，然后用玻璃棒混合几次，直到土壤均匀。

采用四分法，首先把土壤样品一分为二，其中一份存放在样品库中进行留样；其次，将剩余一份继续应用四分法的方式进行缩分，历经缩分过后的样品一份装瓶备用，另一份则转移到细磨室进行过筛，经过 100 目尼龙筛过筛后，充分混匀，然后分装在特制的牛皮纸带内，以备分析检测使用。

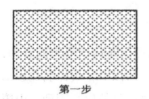 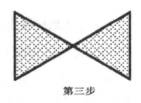

第一步　　　　　　　第二步　　　　　　　第三步

图 3-4-2　四分法取样步骤图

土壤样品的加工管理是一个相对比较复杂的过程，操作人员应当时刻保持严谨的态度，从土壤样品进入风干室开始，然后经历研磨与分装，最后被送到实验室。加工使用的各个阶段都要保证其使用的工具与盛放样品的容器编码的一致性，千万不能因疏忽而发生错号漏号现象。样品加工管理和分送程序的过程如图 3-4-3 所示。

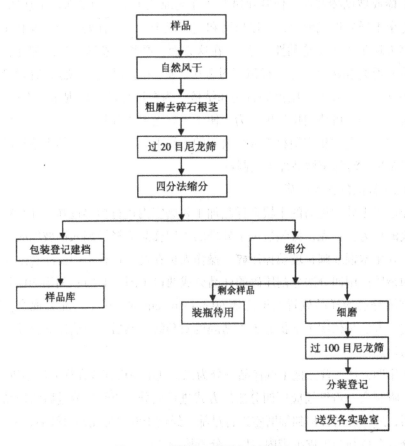

图 3-4-3　样品加工管理和分送程序

（七）土壤样品的管理

土壤样品的管理主要包括两方面，一方面是对土壤样品在运动程中的管理，土壤样品在加工、分装及分发过程中一直处于流动状态，所以对土壤样品在运动过程中的管理又称土壤样品的动态管理；另一方面是土壤样品的保存管理。土壤样品在存放入库的过程中处于相对静止状态，所以对土壤样品保存管理又称静态管理。

1. 土壤样品在加工过程中的管理

在实验过程当中，土壤样品始终被加工人员转移到不同的地点，所以对这一过程中的土壤环境样品进行管理，必须要注意的一点就是应防止遗失和信息传递的失误。样品的加工管理过程应尽可能减少周转环节，建立健全交付程序和岗位责任制度。对于减少周转环节这一点来说，虽然不能缩减样品的加工步骤，但可以减少操作人员的流动。为提高加工人员对工作的熟悉度，降低错误概率，缩减周转环节，从土壤环境样品风干阶段到样品粗磨、细磨、分装阶段，都应该安排专人负责。

2. 土壤样品的保存

通常土壤样品分为需要长期存放的样品及一般样品两种类型，针对不同的样品的保存有着不同的注意事项。首先，对于需要长期存放的土壤样品来说，为了防止土样发生霉变或受到污染，就需要选择干燥、空气流通、无污染及交通便利的地点来作为样品库。其次，对于一般土壤样品来说，通常将其储存半年到一年，储存的容器一般为磨口塞广口瓶，为了方便必要的检查，需要给每瓶土壤样品贴上标签并且注明各个样品的编号、采集样品的地点、土壤类型名称、试验区域代码、深度、取样日期、筛孔和其他元素。此外，标准样品的设置是必不可少的，实验分析人员在进行实验方法分析研究及进行改进的过程当中都需要标准样品，标准样品必须长期保存，不应混杂。样品瓶贴上标签后，必须用石蜡密封，以确保其保持不变，每个标准样品应附有各种分析结果的记录。

（八）土壤中镉、铅、铬、铜、镍和锌总量的分析

对土壤中、铅、铬、铜、镍和锌总量进行分析所采用的方法，主要有以下几种。

1. 火焰原子吸收分光光度法（AAS 法）

火焰原子吸收分光光度法是一种测定土壤中镉、铅、铬、铜、镍和锌总量的方法，其测定原理为：土壤样品经过酸消解处理过后，其中所有镉、铜、锌、铅、镍和铬进入试液当中，在空气—乙炔火焰中原子化，其基态原子选择性地吸收相应空心阴极灯的光谱特性，其吸收强度与镉、铜、锌、铅、镍和铬在一定范围内的浓度成正比。

标准曲线的测定：在 100 ml 容量瓶中用 1% 硝酸稀释标准铜、锌、铅、镍、铬和镉（100 mg/L）溶液，以制备标准系列，如表 3-4-2 所示。

标准曲线的建立：根据仪器测量条件，以标准曲线浓度零点为准，校对仪器的零点，按照从低浓度到高浓度的顺序，依次对各元素标准系列的吸光度进行测定，然后以各元素标准系列质量浓度为横坐标，以各元素标准系列对应的吸光度为纵坐标，建立标准曲线。

表 3-4-2　各元素的标准系列（单位：mg/L）

元素	标准系列					
铜	0.00	0.10	0.50	1.00	3.00	5.00
锌	0.00	0.10	0.20	0.30	0.50	0.80
铅	0.00	0.50	1.00	5.00	8.00	10.00
镍	0.00	0.10	0.50	1.00	3.00	5.00
铬	0.00	0.10	0.50	1.00	3.00	5.00
镉	0.00	0.10	0.20	0.40	0.60	0.80

空白和试样的测定：在介绍标准曲线建立时，已经按照标准曲线浓度零点为标准校对了仪器的零点，在对空白和试样进行测定时也要遵循与标准曲线相同的仪器条件。按照下列公式进行计算。

$$w_i = \frac{(p_i - p_{oi}) \times v}{m \times w_{dm}} \qquad (3\text{-}6)$$

计算公式中，符号 w_i 表示的是土壤样品中元素的质量分数，其单位为 mg/kg；符号 p_i 表示的是试样中元素的质量浓度，其单位为 mg/L；符号 P_{oi} 表示的是空白试样中元素的质量浓度，其单位为 mg/L；符号 V 表示的是试样经过消解以后的定容体积，其单位为 ml；符号 m 表示的是土壤样品的称样量，其单位为 g；符号 w_{dm} 表示的是土壤样品的干物质含量百分数，其单位为 %。

2. 石墨炉原子吸收分光光度法

土壤样品中各元素含量不尽相同，有的土壤样品中铅、镉含量较高，有的土壤中铅、镉含量相对较低。通常为检测含有铅、镉含量较低的土壤时，采用的方法为石墨炉原子吸收分光光度法，其具体的原理是：将试验溶液注入石墨炉，通过预先设定的升温程序（如干燥、灰化、原子化）进行蒸发，达到去除共存基体成分的目的。同时，在原子化阶段的高温下，铅和镉化合物在基态下分解成原子蒸气，并选择性地吸收阴极空心光发射的光谱线。在选定的最佳测定条件下，采用背景扣除法测定试验溶液中铅和镉的吸光度。

标准曲线的测定：依次将不同容量（0.00 ml、0.50 ml、1.00 ml、2.00 ml 和 5.00 ml）的铅、镉标准混合溶液（铅 250g/L、镉 50 g/L）按照标准的操作流程，转移到 25 ml 的容量瓶中，加入质量分数为 5 % 的 3.0 ml 磷酸氢二铵溶液，并用体积分数为 0.2 % 的酸溶液进行定容。标准溶液含有铅 0 μg/L、5.0 μg/L、10.0 μg/L、

20.0 μg/L、30.0 μg/L、50.0 μg/L，镉 0.0 ug/L、1.0 ug/L、2.0 μg/L、4.0 μg/L、6.0 ug/L、10.0 μg/L。对标准溶液吸光度的测定应根据仪器操作条件依次按照由低浓度到高浓度的顺序进行。用减去空白的吸光度与相对应的元素含量（μg/L）分别绘制铅、镉的标准曲线。

空白和试样的测定：按照与标准曲线的建立的相同仪器条件进行空白和试样的测定。土壤中铅、镉的质量分数 w；（mg/kg）按照下列公式进行计算。

$$w = \frac{c \times V}{m \times w_{dm}} \times 10^{-3} \tag{3-7}$$

计算公式中，符号 w，表示的是土壤中含有铅或镉元素的质量分数，其单位为 mg/kg；符号 c 为试液的吸光度减去空白试液的吸光度，在校准曲线上查得铅、镉的含量，其单位为 μg/L；符号 v 表示的是试样经过消解处理后的定容体积，其单位为 ml；符号 m 表示的是土壤样品称样质量，其单位为 g；符号 w_{dm} 表示的是土壤样品中干物质的含量百分数，其单位为 "%"。

3.KI-MIBK 萃取火焰原子吸收分光光度法

除上文介绍的石墨炉原子吸收分光光度法之外，KI-MIBK 萃取火焰原子吸收分光光度法也可以用来测定土壤中铅、镉元素的含量。该方法的原理为：为了能够使质量分数为 1% 的盐酸试验溶液中的 Pb^{2+}、Cd^{2+} 与 I^- 形成相对稳定的离子缔合物，要在溶液中加入适量体积的 KI 碘化钾，从而被 MIBK（甲基异丁基甲酮）萃取。

具体的操作流程为：将火焰喷入有机相当中，铅和镉化合物在火焰温度较高时被分解成基态原子，分解后的基态原子蒸气对空心阴极灯发射的特征谱线进行选择性地吸收。为测定土壤中铅、镉元素的吸光度，要在最佳的测定条件下进行。为使铅和镉的萃取率达到最佳状态，盐酸的浓度须在 1%~2%，KI 浓度须为 0.1 mol/L，这样才能够使得 MIBK 中铅、镉的萃取率分别大于 99.4% 和 99.3%。

样品萃取方法：在分液漏斗中分别注入 2.0 ml 质量分数为 3% 的抗坏血酸溶液及 2.5 ml 的碘化钾溶液（2 mol/L），并充分摇晃均匀，然后加入 5.00 ml 的 MIBK（将与 MIBK 等体积的水放入分液漏斗中，摇动分钟，静置约 3 分钟后，丢弃水相，取上层 MIBK 相使用），振摇 1~2 分钟后等待静置分层。取有机相进行备测。在这一实验过程中需要注意的是，因为水的密度比 MIBK 的密度要大，所以，MIBK 静置分层以后可以直接将火焰喷入其中，不一定与水相分离。

试样测定：为保证实验的准确性，在测定 MIBK 的吸光度之前，应当根据仪器的操作说明书将仪器校准。

空白试验：为保证实验的科学性，实验人员在通常情况下要为每批的土壤样品配备 2 个以上的空白溶液。整个空溶液的制备程序为：使用去离子水代替试样，使用与土壤样品消煮相同的相和试剂。空白溶液的测定则根据标准曲线的制备步骤进行。

标准曲线的绘制一般分为三个步骤：首先，实验操作人员将含有铅 5 mg/L、镉 0.25 mg/L 的混合标准使用液放置在 100 ml 的分液漏斗中，如表 3-4-3 所示，其浓度范围包括试样中铅和镉的浓度；然后加入 1 ml 体积分数为 50 % 的盐酸溶液，并加水至约 50 ml；最后，对标准溶液由低浓度到高浓度的顺序进行排列，并对其吸光度进行测定。

表 3-4-3　镉、铅标准曲线溶液浓度

混合标准溶液体积 /ml	0.00	0.50	1.00	2.00	3.00	5.00
MIBK 中 Pb 的浓度 / （mg/L）	0	0.50	1.00	2.00	3.00	5.00
MIBK 中 Cd 的浓度 / （mg/L）	0	0.025	0.05	0.10	0.15	0.25

用减去空白的吸光度与相对应的元素含量建立标准曲线。

结果的计算与表示如下。

$$w = \frac{c \times V}{m(1-f)} \qquad (3\text{-}8)$$

式中，w 表示的是土壤样品中金属元素的含量，单位为 mg/kg；c 表示的是试液的吸光度减去空白试验的吸光度，然后在校准曲线上查得铅、镉的含量，单位为 mg/L；V 表示的是试液（有机相）的体积，单位为 ml；m 表示的是称取试样的质量，单位为 g；f 为土壤试样的水分含量。

第四章 农用地土壤重金属污染评价方法

本章主要内容为农用地土壤重金属污染评价方法，主要包括三个部分的内容，首先介绍了七种指数法；其次介绍了包括物元分析法、模糊数学法在内的五种模型指数法；最后介绍了除指数法与模型指数法以外的其他评价方法。

第一节 指数法

众所周知，土壤重金属污染危害较大，污染范围也相对较广，对土壤重金属空间分布特点进行深入分析，正确评价其污染状况，制定控制土壤污染的措施，具有重要的现实意义。下面对七种传统类型的指数法进行详细介绍。

一、单因子污染指数法

在 7 种传统类型的指数法当中，单因子污染指数是一种在国内比较通用的农用地土壤重金属污染评价方法。

土壤单项污染指数污染程度分级如表 4-1-1 所示，计算方法如下。

$$P_i = C_i / S \tag{4-1}$$

在公式当中，污染物单因子指数用 P_i 表示；实测浓度用 C_i 表示，单位为 mg/kg；土壤环境质量标准则用 S 表示，单位为 mg/kg。

表 4-1-1 土壤单项污染指数污染程度分级

编号	综合污染指数（$P_{综}$）	污染等级
1	$P_i \leq 1$	无污染
2	$1 < P_i \leq 2$	轻微污染
3	$2 < P_i \leq 3$	轻度污染
4	$3 < P_i \leq 5$	中度污染
5	$P_i > 5$	重度污染

利用单因子指数法不仅可以对环境中主要污染物成分作出判断，还可以反映具体某一种污染物的污染程度，为其他环境质量指数、环境质量分级和综合评价奠定了基础。然而，环境污染往往是由多种污染物造成的，因此评价单一污染物污染的特定区域更适合运用这种方法。

二、内梅罗综合污染指数法

当遇到某一区域内土壤背景差异相对较大的情况时，一般运用内梅罗综合污染指数法来评价土壤中的重金属污染物。内梅罗综合污染指数的污染程度等级分类如表 4-1-2 所示，计算公式如下。

$$P_i = C_i / S$$
$$P_N = \sqrt{(P_{i_{最大}}^2 + P_{i_{平均}}^2)/2} \tag{4-2}$$

$$P_i = C_i / S$$
$$P_N = \sqrt{(P_{i_{最大}}^2 + P_{i_{平均}}^2)/2} \tag{4-3}$$

计算公式当中，土壤中元素标准化污染指数用 P_i 表示；实测浓度用 C_i 表示，单位为 mg/kg；土壤环境质量标准用 S 表示，单位为 mg/kg；内梅罗综合污染指数用 P_N 表示；所有元素污染指数中的最大值用 $P_{i_{最大}}$ 表示；所有元素污染指数的平均值用 $P_{i_{平均}}$ 表示。

表 4-1-2 土壤内梅罗综合污染指数分级标准

等级	综合污染指数（P_N）	污染等级
I	$P_N \leq 0.7$	清洁（安全）
II	$0.7 < P_N \leq 1.0$	尚清洁（警戒线）
III	$1.0 < P_N \leq 2.0$	轻度污染
IV	$2.0 < P_N \leq 3.0$	中度污染
V	$P_N > 3.0$	重污染

公式（4-3）表明，内梅罗综合污染指数包括各单项因子污染指数，并突出了高浓度污染在评价结果中的权重，超过了单一污染物指数法的总体评价能力。但是，仅提升高浓度污染所占的百分比，可能导致最大值、采样点的不合理设置或

后续分析检测引起的异常值对结果产生过度影响，从而降低评估方法的灵敏度。此外，应用金属单因子污染指数的最大值没有生态毒理学依据。因此，许多研究人员将内梅罗综合指数与其他污染评估方法结合起来，从多个角度反映土壤中的重金属污染。

三、地积累指数法

地积累指数（I_{geo}）是一种研究水环境沉积物中重金属污染的定量指标，不仅可以对人为活动对环境造成的影响进行判别，还可以直观再现金属分布的自然变化特点，其是一种将人为活动影响与自然因素影响进行区分的重要参考指数。地积累计指数一般可分为 6 个级别，每个级别对应不同的污染程度，如表 4-1-3 所示，计算公式如下。

$$I_{geo} = \log_2 \left[\frac{C_n}{1.5 BE_n} \right] \tag{4-4}$$

计算公式当中，符号"Cn"表示的是样品中元素 n 的浓度；符号"BEn"表示的是环境背景浓度数值；1.5 是转换系数（为消除各地岩石差异可能引起的背景值的变动）。

表 4-1-3 地积累指数分级

地质累计指数	分级	污染程度
$I_{geo} \leq 0$	0	无污染
$0 < I_{geo} \leq 1$	1	轻度 — 中等污染
$1 < I_{geo} \leq 2$	2	中等污染
$2 < I_{geo} \leq 3$	3	中等 — 强污染
$3 < I_{geo} \leq 4$	4	强污染
$4 < I_{geo} \leq 5$	5	强 — 极严重污染
$5 < I_{geo} \leq 10$	6	极严重污染

除人类污染和环境地球化学背景值外，地积累指数还考虑了自然成岩作用可能导致背景值变化的因素。当然该方法也存在一定的局限性，虽然提供了每个采样点某些重金属的污染指数，但无法对元素或区域之间的环境质量进行比较和分析。因此，使用该评价方法还达不到系统了解评价区域环境状况的目的。

四、富集因子法

富集因子法通过选择标准化元素使样品浓度标准化，然后将两种元素之间的比率与参考区两种元素之间的比率进行比较，得出可在不同元素之间进行比较的因子，能够有效评估人类活动对土壤重金属富集程度的影响，并有效避免自然背景值对评估结果的干扰。应选用相对稳定、不易受环境分析和测试环节影响的标准化元素，常用的标准元素主要有铯、锰、钛、铝、铁、钙等。具体计算公式如下。

$$EF = \frac{\dfrac{C_n(\text{sample})}{C_{\text{ref}}(\text{sample})}}{\dfrac{B_n(\text{background})}{B_{\text{ref}}(\text{background})}} \tag{4-5}$$

公式中，重金属在土壤中的富集系数用 EF 表示；某元素在评价区和参照区的浓度分别用 C_n（sample），B_n（background）表示；参比元素在评价区和参照区的浓度分别用 C_{ref}（sample），B_{ref}（background）表示。富集因子将重金属污染分为 5 个级别，如表 4-1-4 所示。

表 4-1-4　富集因子与重金属污染程度的关系

富集因子	重金属污染程度
$EF < 2$	无污染 - 轻微污染
$2 \leq EF < 5$	中污染
$5 \leq EF < 20$	重污染
$20 \leq EF < 40$	严重污染
$40 \leq EF$	极重污染

目前，越来越多的国内外学者将富集因子法应用到对土壤重金属污染的评价当中，例如，李娟娟等[①]采用富集因子法对铜冶炼厂土壤中的重金属进行了评价，她在研究过程中发现铜、锌、铅和镉在该区域土壤中显著富集，并且评价结果与地质累积指数法是一致的。然而，富集因子法在实际应用过程中也暴露出一系列的弊端，例如参比元素在选择过程中具有不规范性及不同地区背景值具有不确定性。此外，土壤中重金属的污染来源复杂，这里使用的富集因子法只能反映重金

① 李娟娟，马锦涛，楚秀娟，等. 应用地积累指数法和富集因子法对铜矿区土壤重金属污染的安全评价 [J]. 中国安全科学学报，2006，16（12）：135-139；170.

属的富集程度，无法追踪具体的污染源及其迁移途径。

五、污染负荷指数法

在评价土壤与河流沉积物重金属污染程度时，广泛采用的一种方法是污染负荷指数法。对于具体某一点的污染负荷指数计算，通常采用以下公式。

$$CF_i = C_i / C_{oi} \tag{4-6}$$

$$PLI = \sqrt[n]{CF_1 \times CF_2 \times \cdots \times CF_n} \tag{4-7}$$

公式中，元素 i 的最高污染系数用 CF_i 表示；元素 i 的实测含量用 C_i 表示，单位为 mg/kg；元素 i 的评价标准用 C_{oi} 表示，单位为 mg/kg；某一点的污染负荷指数用 PLI 表示；评价元素的个数用 n 表示。

对某一点污染负荷指数计算后，再对某一区域的污染负荷指数进行计算，公式如下：

$$PLI(\text{zone}) = \sqrt[n]{PLI_1 \times PLI_2 \times \cdots \times PLI_n} \tag{4-8}$$

根据公式可以直观地看出，PLI（zone）代表区域污染负荷指数；n 代表评价元素的个数。

由以上计算公式可以看出，污染物负荷指数通过求积的统计法获得，其指数由评估区域中存在的各种重金属成分共同组成，不仅可以反映各金属污染的时空变化特点，还可以反映各重金属对区域污染的贡献程度。污染负荷指数法也被许多学者应用，例如王婕等[1]对淮河（安徽段）沉积物中 7 种重金属的污染状况进行分析评价时，就是采用了这一方法，各重金属污染程度为铬 > 钴 > 锰 = 铜 > 铅 > 锌 > 钒。然而，这种评估方法的缺陷在于不能反映重金属的化学活性和生物有效性，也没有考虑到不同污染源造成的背景差异。

六、环境风险指数法

环境风险指数法也可以对土壤重金属污染进行分析评价，其可以用来定量分析土壤重金属污染的环境风险程度。计算公式如下。

---

[1] 王婕，刘桂建，方婷，等.基于污染负荷指数法评价淮河（安徽段）底泥中重金属污染研究 [J]. 中国科学技术大学学报，2013，43（02）：97-103.

$$I_{E_{Ri}} = (AC_i / RC_i) - 1 \qquad (4\text{-}9)$$

$$I_{ER} = \sum_{i=1}^{n} I_{E_{Ri}} \qquad (4\text{-}10)$$

计算公式中,超过临界限量的各种元素的环境风险指数用 $I_{E_{Ri}}$ 表示;第 i 种元素的分析含量用 AC_i 表示,其单位为 mg/kg;表示第 i 种元素的临界含量用 RC_i 表示,其单位为 mg/kg;待测样品的环境风险则用 IER 表示。

七、潜在生态风险指数法

潜在生态风险指数法可以用来评价重金属的潜在生态风险,从沉积学的角度来看,该方法有效地结合了重金属的含量、环境生态效应和毒理学,主要依据是重金属"水体—沉积物—生物区—鱼—人"这一迁移累积主线。计算公式如下。

$$P_i = C_s^i / C_n^i$$
$$E_r^i = T_r^i P_i \qquad (4\text{-}11)$$
$$RI = \sum_{i=1}^{n} E_r^i = \sum_{i=1}^{n} T_r^i C_s^i / C_n^i$$

$$P_i = C_s^i / C_n^i$$
$$E_r^i = T_r^i P_i \qquad (4\text{-}12)$$
$$RI = \sum_{i=1}^{n} E_r^i = \sum_{i=1}^{n} T_r^i C_s^i / C_n^i$$

$$P_i = C_s^i / C_n^i$$
$$E_r^i = T_r^i P_i \qquad (4\text{-}13)$$
$$RI = \sum_{i=1}^{n} E_r^i = \sum_{i=1}^{n} T_r^i C_s^i / C_n^i$$

计算公式中,单因子污染指数用 p_i 表示;表示重金属浓度实测值用 C_s 表示;重金属参比值用 C_n 表示;单因子生态风险系数用 E_r 表示;为毒性响应系数用 T_r 表示;因子综合潜在生态风险指数则用 RI 表示。

潜在环境风险指数法的驱动因素考虑了"元素丰度原则"和"元素释放程度"并对生态风险的等级进行划分（依据单因子生态风险系数用 E_r^i 及潜在生态风险指标 RI），重金属污染潜在生态风险指标与分级关系，如表 4-1-5 所示。

表 4-1-5　重金属污染潜在生态风险指标与分级关系

单个重金属潜在生态风险指数 E_r^i	单因子污染物生态风险程度	多种重金属潜在生态风险指数（RI）	总的潜在生态风险程度
$E_r^i < 40$	低	$RI < 150$	低
$40 \leqslant E_r^i < 80$	中	$150 \leqslant RI < 300$	中
$80 \leqslant E_r^i < 160$	较重	$300 \leqslant RI < 600$	重
$160 \leqslant E_r^i < 320$	重	$600 \leqslant RI$	严重
$320 \leqslant E_r^i$	严重		

采用潜在环境风险指数法对重金属污染风险进行评价，不仅可以充分考虑多种有害元素的加和作用，还可以充分分析重金属对生物体产生的不同毒性，并引入毒性因子，重点进行毒理学评价。除此之外，评价其潜在生态风险为改善环境及人们健康生活提供了科学参考依据，但这种方法的局限在于其权重是具有主观性的。

第二节　模型指数法

模型指数法是一种利用现有参数评估重金属污染并利用计算软件建立数学模型的方法。目前，国内已经研究了许多模型指数方法，包括以下几种。

一、物元分析法

使用物元分析法对土壤重金属污染物进行评价的具体操作流程为：首先通过构建土壤物元模型来确定评价区域节点和经典域的对象物元矩阵；其次，运用函数公式并根据各个金属元素所占的比重来计算出各个采样点分别对于各级土壤的综合关联隶属度。

二、模糊数学法

模糊数学法是一种广泛应用于土壤环境质量评价的方法，模糊数学法的原理在于针对土壤重金属污染状况两种特性，即渐变性与模糊性，并用隶属度来描述这两种特性。

对模糊的污染分级界线进行描述时，为进一步得到评价样品对评价等级的隶属程度，各评价等级的隶属度需要通过各评价指标的权重进行修正。土壤样品所隶属的污染等级是根据最大隶属度原则进行确定的。该方法具有简单直观的优点，充分考虑了各级土壤标准界线的模糊性，使评价结果更接近实际。模糊数学污染评价成功的关键是如何确定各指标的权重。采用最优权重系数法确定指标权重，避免了评价指标权重确定的随意性。

三、灰色聚类法

采用灰色聚类方法评价土壤环境中灰色的存在性。灰色聚类法的具体工作步骤如下：首先构造白化函数，然后引入修正系数确定土壤污染物的权重，最后计算聚类系数，以便对土壤样品进行环境质量等级评价和排序。

运用灰色聚类法对土壤重金属污染进行评价时，通常会发生分辨率降低及评价失真的问题，这是由于人们在灰色聚类法具体的应用过程当中，通常灰色聚集法最后是根据聚类系数的最大值进行分类的，在这一过程中忽略了较小的前一级别的聚类系数，更没有考虑到它们之间是互相关联的。针对这种问题，人们研究和应用了改进的灰色聚类方法，开发了不同的模型，从而弥补了不足。改进的灰色聚类方法的出发点是，既然下（上）一级别的值范围对上（下）一级别白化函数的值彼此之间都发挥了一定的作用，从而表明了聚类系数之间存在相关性。由此可以看出，改进的灰色聚类方法的结果更可靠，更接近实际。

四、层次分析法

由于不同种类重金属对土壤环境质量影响是不同的，因此需要运用层次分析法来确定各个因素的权重，通过加权综合来揭示不同评价因子内在之前的联系，从而使综合评价的结果更加与环境质量的实际情况相符。

运用层次分析法对土壤污染物进行评价，通常要经历以下四个流程：第一，层次结构模型的建立；第二，建立不同元素相互比较判断的矩阵；第三，层次单独排序，第四，层次总排序及其一致性体验。

在以上 4 个步骤当中，最为关键的是比较矩阵的建立，为比较同一个层次不同元素的相对重要性，在每个层次上都要建立比较判断矩阵，不同元素的相对重要性用 1~9 标度进行表示。由于整个判断过程具有一定的复杂性与模糊性，很难一次获得满意的判断矩阵。为使这种情况得到改善，决策者在评估判断同一个层次上不同元素的重要程度时可以采用三标度法，并建立一个三标度比较矩阵。然后，取排序指数中的最大和最小值分别对应的元素作为基点，并给出基点重要程度的标度，重要程度的标度的确定是依据两个元素之间的重要性差异得到的。最后，在此基本点的基础上，通过数学变换将三标度比较矩阵转化为间接判断矩阵。

五、集对分析与三角模糊数耦合评价模型

集对分析理论是一种不确定系统分析新方法。在运用集对分析和三角模糊数耦合评价模型对土壤中金属污染物进行分析评价时，其基本流程为：首先，将土壤中各种污染物指标的实际值与标准参考值设置成一个固定的集对，采用同异反决策方式对该集对进行分析，然后采用三角模糊数的方法对该集对的差异度系数进行构建；其次，基于三角模糊数来确定对联系数进行确定，再结合评价指标的权重，从而对土壤中重金属污染状况进行全面评价。

第三节 其他评价方法

一、基于人体健康风险评价法

土壤中含有大量的重金属元素且这些元素容易对人体造成危害，其产生危害的主要途径包括：手口暴露、皮肤接触暴露、呼吸暴露等。基于人体健康风险评价的原理是将环境污染与人体健康相结合，以风险程度为评价指标，定量描述污染物对人体健康造成的风险危害。该种方法的使用不仅可以有效评估土壤中危害成分对人体健康造成影响的概率，还可以为环境污染治理提供科学决策。

二、基于地统计学的 GIS 评价法

基于 GIS 的土壤质量评价具有简洁、直观、容易操作的优势，其可以将数值

计算和图形处理有机地结合起来。地统计学与 GIS 的有效结合，在分析土壤空间变异性方面发挥着巨大的作用。基于地统计学方法的 GIS 系统可以描述土壤元素的空间分布图，研究土壤重金属的空间分布特点、方向变化及相关规律，定量分析土壤元素含量水平的差异，为土壤污染的准确管理、土壤环境质量的评价、土壤环境质量的评价提供科学依据，防治土壤污染，确保农产品安全。

目前，GIS 中的克里格插值制图已被广泛应用于直观揭示地表重金属污染状况和地表土壤重金属的空间分布当中。例如，王芬等人在对四川省川萼主产区土壤重金属污染进行综合分析和评价时，就采用了双层神经网络和 GIS 空间分析技术。结果表明，研究区大部分区域重金属污染程度是比较轻的。此外，运用该种评价方法还得到了比单因子指数评价精度更高的空间分布图。

在土壤重金属污染评价过程当中要根据实际情况去选择合适的评价方法，要注意多种方法的结合使用，将传统类型的指数法与模型指数法相结合共同应用可以更加综合地反映出土壤状况。除此之外，还应当注意不同方法对评价标准产生的影响，从而对土壤重金属污染评价标准进行合理的选择。

三、基于人工神经网络模型评价法

人工神经网络是一种复杂的网络系统，其目的是模仿人类大脑的神经网络。大量的人工神经元经过广泛的连接最终形成了人工神经网络。人工神经网络具有较大的优势，例如高维性、并行分布处理性，在适应方面、组织方面、学习等方面的自发性和自主性。人工神经网络的计算过程分为两种，一种是通过计算单元完成的，而计算过程的计算单元是简单的、非线性的；另一种是通过非线性系统完成的，这种非线性系统将点与点连接起来。当前，在神经网络理论中比较重要的一种算法是误差反向传播（BP）算法，这种算法在当前也是应用比较广泛的，也都比较成熟。

如图 4-3-1 所示，在 BP 神经网络结构图中，我们可以看到它由三部分构成，即输入层、隐含层、输出层。BP 算法的学习过程包括正向传播、负向传播（图 4-3-2）。在正向传播中，首先在输入层节点输入信息，紧接着信息到达隐含层节点，在这里，函数对输入的信息产生作用，随后信息沿着正向传播的方向到达下一个环节，也就是输出层。在信息输出之前，要再次经过作用函数。如果在输出层得到了期望的结果，那么到这里就结束；如果没有得到期望的结果，那么就开始了反向传播的过程，误差信号会返回，返回的路径是原来的链接通道。在反向传播过程中，通过每一层的修改，让误差信号降到最低，在这里，每一层的修改是对各层神经单元的权系数和阈值的修改。如果进行预测的时候要利用建立的神经元网络模型，那么必须在其已经完成自学习的过程后才可以，对于其什么时候自学习过程已经完成，我们可以通过对其多次训练和自学习后输出的数值进行观测，如果在经过多次数据观测后获得满意的输出结果，那么这时候就可以进行预测。

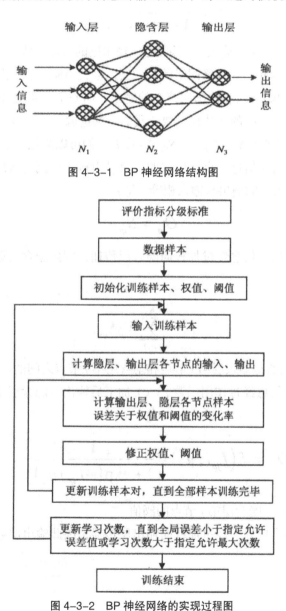

图 4-3-1　BP 神经网络结构图

图 4-3-2　BP 神经网络的实现过程图

我们通常选择 Sigmoid 函数作为 BP 神经网络法的作用函数，这是因为在理论上，神经网络如果使用了 Sigmoid 函数且有三层，那么和其他任意连续函数相比，在精度上两者趋近于相同。当然，这并不是说只能选择这一种作用函数，也可以选择其他的，表达式如下。

$$f(x) = \frac{1}{1 + \exp(-x + u)} \quad\quad (4\text{-}14)$$

假设，在神经网络的输入层、隐含层、输出层的节点个数分别为 N_1 个、N_2 个、N_3 个，用 S 来表示我们在神经网络的第一层，也就是输入层节点输入的内容，以 I 表示在接下来的隐含层和输出层节点的输入，而 O 表示的是不论在哪个节点的输出，W 表示节点之间的连续权系数。我们一共选取的样本有 M 组，那么，第 p 组样本的输入为（S_{1p}，S_{2p}，S_{3p}……S_{N1p}），或者我们可以简化，记录为 S_{ip}（i=1，2，3……N_1）。由于输入信息是直接传递的，只是由输入层到隐含层，所以说对第 p 组样本，其在输入层的输出与输入相等。即：

$$O_{ip} = S_{ip} \quad\quad (4\text{-}15)$$

经过输入层后，信息经过加权向隐含层传播，因此隐含层第 j 节点的输入 I_{jp} 如下。

$$I_{jp} = \sum_{i=1}^{N_1} W_{ji} S_{ip} \quad\quad (4\text{-}16)$$

式中：W_{ji} 指的是输入层第 i 节点和隐含层第 j 节点之间的连续权系数。

在隐含层，信息经过作用函数 $f(x)$ 加工后输出，隐含层第 j 节点的输出结果如下：

$$O_{ip} = f\left(I_{jp}, u_j\right) = \frac{1}{1 + \exp\left(-I_{jp} + u_j\right)} \quad\quad (4\text{-}17)$$

式中：u_j——隐含层第 j 节点的阈值。

信息经过隐含层后，经过加权向输出层传播，因此输出层第 k 节点的输入函数 I_{kp} 如下：

$$I_{kp} = \sum_{j=1}^{N_2} W_{kj} O_{jp} \tag{4-18}$$

在输出层，信息经过作用函数加工后输出，隐含层第 k 节点的输出结果如下。

$$O_{kp} = f\left(I_{kp},\ u_k\right) = \frac{1}{1 + \exp\left(-I_{kp} + u_k\right)} \tag{4-19}$$

这样，通过传播，并且传播过程是正向的，第 p 组输入样本 S_{ip}（i=1，2，3，……N_1），经过神经网络后得到输出结果 O_{kp}（k=1，2，3……N_3），这表明了神经网络对第 p 组输入样本的响应。如果我们希望第 p 组样本的输出为 M_{kp}（k=1，2，3……N_3），那么，误差可以用以下公式表示．

$$E_p = \frac{1}{2} \sum_{k=1}^{N_3} \left(M_{kp} - O_{kp}\right)^2 \tag{4-20}$$

训练样本集的误差如下。

$$E = \frac{1}{M} \sum_{p=1}^{M} E_p \tag{4-21}$$

学习成功的结果 E_p 和 E 达到最小，这是神经网络的 BP 算法的要求，因为这样才能够让实际输出和期望输出更加接近。如果要想 E_p 和 E 达到最小，就要对以下两个数值进行调节，一个是节点间连接权系数，另一个是各节点阈值。根据梯度法，各节点连接权系数的修正量可以用以下公式来表示。

$$\Delta W_{kj}^{(p)} = -\eta \frac{\partial E_p}{\partial W_{kj}}$$

$$\tag{4-22}$$

$$\Delta W_{ji}^{(p)} = -\eta \frac{\partial E_p}{\partial W_{ji}}$$

$$\Delta W_{kj}^{(p)} = -\eta \frac{\partial E_p}{\partial W_{kj}}$$

（4-23）

$$\Delta W_{ji}^{(p)} = -\eta \frac{\partial E_p}{\partial W_{ji}}$$

式中：$\Delta W_{kj}^{(p)}$——对第 p 组样本，输出层第 k 节点和隐含层 j 节点之间连接权系数的修正量；

$\Delta W_{kj}^{(p)}$——对第 p 组样本，输入层第 i 节点和隐含层 j 节点之间连接权系数的修正量；

η——学习率，通常情况下，取值的范围在 0—1 之间，如取 $\eta=0.75$。

上面的公式可以有如下的变化：

$$\Delta W_{kj}^{(p)} = -\eta \frac{\partial E_p}{\partial W_{kj}} = -\eta \frac{\partial E_p}{\partial I_{kp}} \times \frac{\partial I_{kp}}{\partial W_{kj}}$$

$$= -\eta \frac{\partial E_p}{\partial I_{kp}} \times \frac{\partial}{\partial W_{kj}} \left(\sum_{k=1}^{N_3} (W_{kj} O_{jp}) \right)$$

$$= -\eta \frac{\partial E_p}{\partial I_{kp}} \times O_{jp}$$

$$-\frac{\partial E_p}{\partial I_{kp}} = -\frac{\partial E_p}{\partial O_{kp}} \times \frac{\partial O_{kp}}{\partial I_{kp}}$$

$$= (M_{kp} - O_{kp}) \times \frac{\exp(-I_{kp} + u_k)}{[1 + \exp(-I_{kp} + u_k)]^2}$$

$$= (M_{kp} - O_{kp}) \times O_{kp} (1 - O_{kp})$$

经过公式的变化可以得出连接权系数修正量计算公式，连接权系数是在输出层和隐含层之间的。

$$\Delta W_{kj}^{(p)} = \eta (M_{kp} - O_{kp}) O_{kp} (1 - O_{kp}) O_{jp}$$

（4-24）

同理可得输入层和隐含层之间的连接权系数修正量计算公式。

$$\Delta W_{ji}^{(p)} = \eta O_{jp} O_{ip} \left(1 - O_{jp}\right) \sum_{k=1}^{N_3} \left(M_{kp} - O_{kp}\right) O_{kp} \left(1 - O_{kp}\right) W_{kj} \qquad (4\text{-}25)$$

所以，可将连接权系数的修正公式总结如下。

$$\Delta W_{ji}^{(p)} = \eta \Delta_{jp} O_{ip} \qquad (4\text{-}26)$$

其中，当 j 为输出层节点时 $\Delta_{jp} = \left(M_{jp} - O_{jp}\right) O_{jp} \left(1 - O_{jp}\right)$；

当 j 为隐含层节点时 Δ_{jp} 计算结果如下。

$$\Delta_{jp} = O_{jp} \left(1 - O_{jp}\right) \sum_{k} \left(M_{kp} - O_{kp}\right) O_{kp} \left(1 - O_{kp}\right) W_{kj} \qquad (4\text{-}27)$$

节点 k 是比节点 j 高一层的节点。

考虑训练次数（t）及修正权系数时的冲量相，则上面修正公式可变为如下形式。

$$\Delta W_{ji}^{(p)} \left(t+1\right) = \eta \Delta_{jp} O_{ip} + a \Delta W_{ji}^{(p)} \left(t\right) \qquad (4\text{-}28)$$

其中 a 为冲量因子，一般在 0~1 取值，如取 $a=0.90$，其他和上式中意义相同。

最后得到第 $t+1$ 次训练的修正后平均权系数如下。

$$W_{ji} \left(t+1\right) = W_{ji} \left(t\right) + \frac{1}{M} \sum_{p=1}^{M} \Delta W_{ji}^{(p)} \left(t+1\right) \qquad (4\text{-}29)$$

同理，推导权系数修正过程，阈值的修正量可以被推导出来，如果输出层节点为 j，那么将得到如下结果。

$$\Delta u_{j}^{(p)} = \eta O_{jp} \left(1 - O_{jp}\right) \left(M_{jp} - O_{jp}\right) \qquad (4\text{-}30)$$

如果 j 为隐含层节点，那么在 j 节点第 p 组样本的阈值修正量如下。

$$\Delta u_{j}^{(p)} = \eta O_{jp} \left(1 - O_{jp}\right) \sum_{k} \left(M_{kp} - O_{kp}\right) O_{kp} \left(1 - O_{kp}\right) W_{kj} \qquad (4\text{-}31)$$

同样可得阈值修正公式如下。

$$u_{j} \left(t+1\right) = u_{j} \left(t\right) + \frac{1}{M} \sum_{p=1}^{M} \Delta u_{j}^{(p)} \qquad (4\text{-}32)$$

如果想要神经网络产生对样本记忆和联想的能力，就要对其进行多次的训练，训练是基于 BP 神经网络的自适应、自组织和自学习的过程，而这一过程针对 BP 神经网络中的两个值，一个是节点连接权系数，一个是节点阈值，经过多次训练，这两个值都能达到最适应值。也就是说，我们对样本的期望输出和样本的实际输出之间的差距已经最小。这个时候，就可以利用这个网络模型进行评价和预测，评价和预测所针对的是环境非线性系统。

第五章 农用地土壤重金属污染的修复技术

本章主要内容为农用地土壤重金属污染的修复技术，分为五个小节，分别为土壤钝化技术、土壤淋洗技术、植物提取技术、电动修复技术、联合修复技术。

第一节 土壤钝化技术

原位钝化技术是通过钝化剂与土壤中重金属发生反应，从而降低重金属在土壤中的有效性，降低重金属对土壤生物的有害作用和抑制重金属向农产品中迁移，从而达到修复重金属污染土壤的目的。

一、钝化剂的种类

根据钝化剂的理化性质，土壤重金属钝化剂可以分为五类：无机钝化剂、有机钝化剂、微生物钝化剂、复合钝化剂，新型材料钝化剂。新型材料钝化剂是近些年刚出现的，例如我们经常听到的纳米材料、生物炭等都属于这一类型。

（一）无机钝化剂

在重金属污染土壤钝化修复中，研究和应用最广泛的是无机钝化剂，石灰、黏土矿物类、含磷材料、工业副产品都属于无机钝化剂。

1. 石灰类

石灰包括生石灰和熟石灰，熟石灰又称消石灰，是最常用的重金属钝化材料之一。如果土壤受到了重金属的污染，无论是单一重金属污染还是多种重金属污染，在土壤中加入石灰，可以产生较好的效果。如果说水稻土受到了 Cd 的污染，此时在土壤中加入石灰，就会产生显著的效果：土壤中有效态 Cd 的含量就会下降，进而生长出的水稻中的 Cd 的累积也随之降低。但是从修复效果方面来看，石灰氮的修复效果要比石灰的修复效果好。如果在稻田中施入石灰，无论是淹水的稻田，还是不淹水的稻田，土壤中 Cd 都会产生明显的变化：交换性 Cd 的含量减少，与之相反，结合态 Cd 的含量上升，也就是说，如果想对有效 Cd 产生更强的抑制作用，可以将石灰和泥炭结合起来使用。但是，石灰也存在一个缺点，那就是在有效性持续方面，时间较短。例如，在降低玉米籽粒中 Cd、Pb、Zn 和 Cu 的含量时，连续施入了石灰，产生了明显的效果，但是这一效果持续的时间在一年半左右，并且还容易产生另外一个弊端，就是由于连续施用石灰，对土壤板结产生破坏。

2. 磷酸盐类

从种类上来看，含磷钝化剂的种类是比较多的，如果按照溶解度的大小这一标准来分类，可以分为三类：易溶性材料、微溶性材料、难溶性材料。如磷酸、磷酸二氢锰，属于易溶性材料，比较容易溶解；磷酸氢钙、磷酸二氢钙属于微溶性材料；磷矿石、羟基磷灰石属于难溶性材料，比较难溶解。利用含磷物质修复重金属污染土壤主要集中在对铅的钝化上，经过磷作用的铅转变成了磷酸铅，在稳定性方面有了较高的提升，同时降低了铅的毒害作用。在对铅污染土壤管理措施上，美国国家环境保护局（EPA）署将磷作为最好的管理措施之一，这是因为磷具有价格低、效果好的优势。

研究者研究发现，在铅、铜和锌复合污染土壤中施用磷灰石时，铅、铜和锌的残渣态均有增加。磷灰石对镉和铜的长期固定效果较稳定，优于石灰和木炭。磷和铅会发生反应，而在其反应过程中，产生影响的因素很多，比如：土壤中铅的形态不同，反应过程就会有所不同；土壤的 pH 也会产生影响；土壤中磷的种类不同也会影响这一过程；还有磷、铅物质的数量比例，等等。由于这些因素影响了磷和铅的反应过程，进而修复效果也会受到影响。磷矿物的比表面积、溶解性等方面不同，导致在修复效率方面，不同类型含磷材料会有不同的结果。土壤受到了铅污染，如果要用含磷化合物进行修复，要想产生比较好的修复效果，在土壤酸碱度上，最好是微酸性，也就是土壤的 pH < 6，这是因为此时的土壤环境有利于磷酸铅类物质的形成。但是，利用不同含磷材料做钝化剂时，还应考虑其在土壤中的溶解性及其他金属离子的竞争，如果溶解性磷过多，就会造成其向地表或地下迁移的后果，地表的水体中共存在过多的溶解性磷的深入，就会造成水体富营养化，同时使地下水遭到污染。除此之外，在作物的营养方面，会导致作物缺乏营养等后果。

3. 黏土矿物类

在自然界中，海泡石、膨润土、蒙脱石、伊利石、高岭石等黏土矿物有着广泛的分布，这类黏土矿物具有以下几个方面的优势和特点：比表面积和孔隙度较大、结构层带电荷、在吸附能力和离子交换能力方面较强等。例如，在降低 Pb、Cd、Cu 和 Zn 在土壤中的活性及减少水稻体内金属的累积方面，天然沸石（铝硅酸盐矿物）就能产生很好的效果

4. 金属氧化物类

金属氧化物是天然存在于土壤之中的，土壤中主要的金属氧化物有 Fe、Al、Mn 的氢氧化物，水合氧化物，羟基氧化物，等。铁锰氧化物具有很大的比表面积和很多的吸附位点，可以实现对土壤的钝化，主要途径是吸附点位的吸附、共沉淀及在内部形成配合物等，其中吸附又可以分为专性吸附和非专性吸附。研究发现，3 种铁铝矿物，都可以对 As 产生一定的固定作用，固定能力最大的是水铁矿，其次为针铁矿、水铝矿，最小的为铝镁氧化物，但是铝镁氧化物在重金属的钝化作用上可以产生一定的抑制作用，可能的原因是 As 在铝镁氧化物表面反应生成的复合物和 As 与铁铝氧化物反应生成的复合物在结构方面不同，反应生成的在铝镁氧化物表面的复合物是单齿单核结构的，而另外的则是双齿双核结构的。

工业废渣主要为一些金属氧化物，常用的工业废渣主要有赤泥、钢渣、粉煤灰等。赤泥是冶炼氧化铝过程中浸出的残渣，富含的营养元素较丰富，如 K、Ca、Mg 等元素，这都是植物生长所必需的，还有铁铝氧化物等。一方面，赤泥可以降低重金属在土壤中的有效性，这是通过它与重金属发生专性吸附这一途径所产生的作用，进而促进植物良好的生长。另一方面，在降低水稻中 Cd 含量的作用上，赤泥也可以发挥作用，这是由于以下几个原因：一是赤泥可以使土壤的 pH 发生变化，在土壤中施入赤泥，其 pH 会上升；二是赤泥在土壤中发挥其化学吸附的作用；三是与赤泥中大量的 Ca^{2+} 在水稻根部表面与土壤 Cd 竞争吸附位点有关。

（二）有机钝化剂

有机钝化剂主要有腐殖酸、秸秆、堆肥等，它们常常含有—OH、—COOH、—OCH_3 等活性基团，通过对重金属的络合作用降低其有效性。我们发现，如果想要降低土壤中交换态 Cd 的比例，减少植物对 Cd 的吸收和积累，鸡粪堆肥可以产生有效的效果，其效果的产生主要依靠有机物质与 Cd 的络合作用及与含 P 化合物共沉淀作用实现。不同的腐殖酸钝化重金属的能力不同，这是由于其组分不同，如果一种腐殖酸对重金属的钝化能力较强，那么它的分子量肯定较大，在芳构化程度上也较高。总体看来，灰色胡敏酸的钝化能力最强，其次是棕色胡敏酸，最后是富里酸。农业废弃物堆肥还田可减少农田可交换态和碳酸盐结合态镉，增

加铁锰氧化物结合态和有机结合态及残渣态镉。值得注意的是，通过有机物固定的金属离子，如果时间较长，稳定性效果可能较差，这是因为若时间较长，已经被固定的金属离子可能会重新释放；在土壤中加入有机物，经过多次对高价态 Cr（VI）变化的检测，发现在有机物的影响下，高价态 Cr（VI）还原为了毒性弱的 Cr（III）。

（三）微生物钝化剂

微生物通过代谢可以对重金属污染土壤钝化修复，这是由于一方面微生物的代谢可以影响重金属的生物有效性，产生这一影响的基础是重金属赋存形态的改变，而这一改变是由微生物代谢引起的；另一方面，微生物通过代谢可以对植物生长所需要的养分进行调节，经过调节，植物能够更好地生长。当前，因为微生物存在经济上的优势，并且不会对环境产生其他的副作用，所以在重金属土壤的钝化修复中，微生物受到了较大的关注。目前，已经筛选出来一批优质的微生物，它们具有金属抗性，同时积累能力较强，通过这些微生物的影响，农作物中 Cd、Pb 等重金属的含量有明显的降低。例如，我们通过对农用土壤进行筛选，发现在污染土壤中，要想提高粮食安全生产的潜力，肠杆菌、假单胞菌和红球菌能够产生较大作用，一方面是因为它们对 As 具有很强的抗性和积累能力，另一方面是因为这三种菌可以促进大豆的生长。很多微生物可以通过分泌胞外聚合物来钝化重金属。

（四）生物炭

生物炭是一种固态物质，其特点是含碳、稳定、高度芳香化，生物炭是怎么得到呢？是生物质在无氧条件下热裂解得到的，如果想制备生物炭，原料必不可少，农业废物、木材及城市生活有机废物都可以作为其原料。在土壤中分别施用生物炭和不施用生物炭，通过对比发现，施用生物炭土壤中的 Cd 和 Pb 有效态含量发生了变化，Cd 降低了 37.59%，Pb 降低了 51.37%，其中有效态 Cd、Pb 降幅最大的土壤中施用的是壳渣类生物炭，分别为 58.44% 和 71.28%。如果使用的生物炭在制备时的温度区间是在 500~600℃，那么效果就会非常明显，可使土壤有效态 Cd 降低 52.23%，Pb 降低和 60.90%。

（五）纳米钝化剂

对土壤中的重金属污染进行修复也可以用纳米材料，由于它的粒径小、表面活性高、比表面积大，因此可以产生比较好的修复效果。土壤中的重金属和纳米材料会发生一系列的物理化学过程，而这一系列的过程是非常复杂的，包括吸附、还原、氧化等。例如，添加纳米羟基磷灰石会显著降低水稻根中的重金属含量和糙米中 Cd 含量，糙米中的 Pb、Cu 和 Zn 含量也有所降低。向 Pb 污染土壤中加入生物炭负载纳米羟基磷灰石材料后，Pb 的状态发生了较大的变化，加入的纳米材料固定了 75 % 的 Pb，通过纳米材料的修复，67 % 的 Pb 成为残渣态，对在这片土壤中生长的芥菜进行检测，芥菜中 Pb 含量也产生了变化，有了明显的降低。在对有 Cr 污染的土壤进行修复时，施入生物炭负载纳米零价铁材料，通过实验观察和检测，在稳定性和流动性方面，生物炭负载纳米零价铁的效果很好，可以固定 100 % 的 Cr，93 % 的总 Cr。生物炭负载纳米零价铁材料还有另外一个优势，那就是在降低植物毒性方面，可以产生明显的作用，从而促进植物的生长。可以说纳米材料对土壤中的重金属污染的修复是非常有效的，但是作为新型的钝化材料，也有一些亟待解决的问题。一方面，在生产成本上，纳米材料的生产成本较高。另一方面，纳米材料也可能会对环境产生一定的风险。因此，在新型钝化产品的研发上，需要研发价钱较低、效果更好，同时不会对环境造成风险的纳米材料。

（六）复合钝化剂

为了让钝化剂产生的修复效果达到预期，如果仅仅使用一种钝化剂，那么这一钝化剂的使用量就会比较高，或者说需要后期再多次施用。这是因为不同类型的重金属需要不同的钝化剂，而每一种钝化剂所产生的钝化效果也不是相同的，同时土壤中重金属的污染并非是单一的污染，而是多种重金属的复合污染。但是，我们必须考虑到，施入过多的钝化剂会产生的不利影响，一方面是有可能对土壤理化性质起到不良作用，另一方面是可能会引起土壤的二次污染。比如引起土壤酸化的原因之一就是土壤中可溶性磷酸盐施入过量，此外，还有可能让水体富营养化。除此之外，如果一种土壤受到的污染是重金属复合污染，想要达到预期的效果，就不能只靠一种钝化剂。所以，在对土壤污染修复方面，今后的重要发展方向是复合钝化剂的研发和应用。

二、钝化机理

不同钝化剂对土壤中重金属的钝化机制不同，主要机制包括沉淀作用、吸附作用、络合作用和氧化还原作用。

（一）沉淀作用

我们知道，石灰是碱性的，如果被污染的土壤是酸性的，在这一土壤中使用碱性材料，那么土壤中的 pH 就会升高，这时候，存在于土壤溶液中的重金属离子就会形成氢氧化物或碳酸盐沉淀。通过溶解—沉淀机制，土壤中的 Pb 可以被磷酸盐材料固定。事实上，磷灰石与土壤中的 Pb 相互反应可以形成氟磷矿沉淀。在溶解度方面，磷氯铅矿和氟磷铅矿的溶解度非常小，这也正是在较大的 pH 范围内，钝化效果能够保持一定稳定性的原因。研究表明，如果想要使土壤中 Zn 和 Pb 的活性有效降低，可以通过一种复合物产生作用，这种复合物的形成有两个条件，一个条件是复合物包含磷酸盐、磷酸钾和氧化镁，另外一个条件是这种复合物必须由草酸激活，主要通过与 Zn 形成磷锌矿 [$Zn_3(PO_4)_2 \cdot 4H_2O$]、磷钙锌矿 [$CaZn_2(PO_4)_2 \cdot 2H_2O$] 和氢氧化锌 [$Zn(OH)_2$]、与 Pb 形成 [$Pb_5(PO_4)_3F$]。含硅钝化材料中的硅酸根离子进入土壤中后与 Pb^{2+} 发生反应，形成 Si-O-Pb 沉淀物、Pb_3SiO_5、Pb_2SiO_4 等硅酸盐沉淀。

（二）吸附作用

黏土矿物属于铝硅酸盐类矿物，呈碱性并且多孔，主要的特点是比表面积相对较大，结构层带电荷，产生作用的途径主要是吸附、配位、共沉淀反应，通过这些作用，可以使土壤中重金属离子的浓度和活性发生变化，在土壤中施入这一类矿物可以让重金属离子的浓度降低、活性减弱，从而达到钝化修复的效果。不同的铁氧化物对 As 的吸附能力各不相同，吸附能力最高的是 Fe^{3+} 其次是 Fe^{2+}、铁砂，吸附能力最弱的是针铁矿，对不同的金属离子，水钠锰矿的吸附能力不同，水钠锰矿吸附金属离子最强的是 Pb（Ⅱ），其次是 Cu（Ⅱ）、Zn（Ⅱ）、Co（Ⅱ），对 Cd（Ⅱ）的吸附能力最弱。

（三）络合作用

在吸附作用中，一个重要的形式就是表面络合作用，和离子交换吸附不同的是，这里的络合反应指的是钝化剂表面的有机官能团和重金属接触所产生的反应。官能团存在于有机钝化剂的表面，而它们的数量较大，比如 C=O、—COOH、—OH、—SH、等，它们和重金属接触就会发生反应，进而形成络合物。在土壤中，Cd 与含氧官能团接触，就会发生络合反应，就会形成络合物，且络合物是稳定的。如果在土壤是可变电荷的情况下，生物炭对 Pb 的吸附原理如下：Pb 与生物炭中的官能团进行表面络合，而且络合作用随着土壤 pH 的不同有所改变，当土壤 pH

较低时，络合作用就会增强。通过络合作用，腐殖酸和胡敏酸都可以形成重金属络合物，络合物都是比较稳定的，但两者的稳定性对比来说，后者的稳定性更强一些。此外，溶解之后的羟基磷灰石，也能够和重金属发生表面络合反应，从而钝化土壤中的 Cd 和 Zn。

（四）氧化还原作用

土壤中的重金属的可迁移性和生物有效性是不同的，这是由于重金属的价态不同。对重金属的价态进行改变，能够降低重金属的生物毒性，这种情况下要使用的钝化剂必须具有氧化还原作用。活性炭表面有着丰富的含氧官能团，如酮基、羧基、羟基等，在氧化还原方面，它们能将 Cr（Ⅵ）还原为 Cr（Ⅲ）；土壤中的Cr（Ⅵ）在纳米零价铁的作用下，能够还原为 Cr（Ⅲ），相比 Cr（Ⅵ），还原后的 Cr（Ⅲ）毒性较小，然后在纳米零价铁表面形成 Cr（Ⅲ）沉淀。但是，它也存在一定的弊端，虽然土壤中的 Cr（Ⅵ）和 As（Ⅴ）在生物炭的作用下被还原，并且 Cr 的移动性有所降低，但是 As 的移动性却有所上升。

三、影响钝化效果和稳定性的因素

（一）土壤 pH 值

土壤 pH 是控制土壤中重金属赋存形态和化学行为的重要影响因子之一。一般情况下，如果土壤的 pH 降低，那么土壤和钝化剂对重金属的吸附作用就会减弱，对重金属的移动性和有效性就会产生影响，使其增强；如果土壤的 pH 值升高，重金属被吸附作用就会加强，那么金属沉淀就会形成。化学钝化修复只是改变了土壤里重金属的赋存形态，而土壤的 pH 并不是这样的，如果土壤的 pH 发生了变化，那么重金属离子就可能会再活化。通过观测发现，当 Cd 和 Zn 被重新释放（之前已经被石灰石和赤泥钝化）时，对土壤中 pH 进行检测，相对原来，pH降低了，土壤酸化了。在抵抗土壤的酸化作用方面，磷酸盐和高岭石能够发挥有效的作用。另外，土壤酸化导致土壤中有效态 Cd、Cu、Zn 含量的增加，特别是施加石灰和施用 22.3 t/hm^2 磷灰石或 4.45 t/hm^2 石灰后，当年 pH 为 4.4 的土壤，pH 上升到 5.6 左右，Cu 和 Cd 含量均显著下降，但 4 年后土壤再次酸化，pH 分别降低至 5.0 和 4.7，Cu 和 Cd 被再次释放出来。事实上，土壤酸化在我国农用地中是比较明显的，而且这一趋势还没有得到有效遏制，所以土壤经过钝化修复，后期在利用的时候，要对土壤持续进行检测，并配合一些农艺措施，这些措施是为了防止土壤酸化。

然而，土壤 pH 对 As 和 Cr(Ⅵ) 的影响与其他金属阳离子不同，As 和 Cr(Ⅵ) 在碱性土壤中更容易发生迁移。

（二）土壤氧化还原电位

影响土壤中重金属活性的因素很多，氧化还原电位（Eh）是其中一个重要的因素。大部分情况下，随着土壤氧化还原电位的升高，重金属有效态的含量也会逐渐增加。如果土壤 Eh 降低，高价的 Fe（Ⅲ）和 Mn（Ⅵ）就会被还原为低价态的 Fe（Ⅱ）和 Mn（Ⅱ），还原的途径是生物与非生物，当它们被还原后，土壤溶液中就会有很多 Fe（Ⅱ）和 Mn（Ⅱ）。一方面，随着铁锰氧化物的还原溶解，重金属离子会被重新释放，而重金属离子在这之前已经被铁锰氧化物吸附或共沉淀，随着重金属的离子的释放，它的迁移性就会增强。另一方面，在铁锰氧化物还原过程中，新形成的无定形或晶型矿物与土壤溶液中金属离子发生吸附或共沉淀，从而降低重金属的有效态。

（三）土壤有机质含量及其组分

土壤有机质含量和组分也是影响钝化土壤重金属稳定性的重要因素。有机质在土壤中的含量非常丰富，有机质的存在表明有大量的有机官能团，这些官能团是复杂的。由于有机官能团的存在，有机质在减弱重金属的迁移功能和生物有效性方面可以起到很好的作用，产生作用的原因是有机质可以吸附、络合重金属离子。但是，有机物分解产生的可溶性有机质（DOM）的络合作用可促进土壤胶体所吸附重金属的解析，使其释放到土壤溶液中。如果某一环境中 DOM 含量丰富，那么铁氧化物絮体就会发生变化，这一变化主要是通过 Fe（Ⅲ）与 DOM 中的羟基和羧基形成配位键而产生的，此时 Fe（Ⅲ）就会更加容易形成无定形铁氧化物，这一铁氧化物粒径更小，并且在晶形上更差，也正是因为这样的特点，在淹水条件下，铁氧化物更容易还原溶解，从而存在于铁氧化物絮体中 Pb、As 的释放能力就有所增强；DOM 还有一个作用，即在还原溶解后的 Fe（Ⅱ）DOM 的作用下，不容易再形成二次沉淀矿物，那么重金属再想进入固相的机会就会减少，同时由于 Fe（Ⅱ）处于溶解态，其浓度有所提升，就会促进 γ-FeOOH 到 α-FeOOH 的转化，进而促进铁氧化物絮体中重金属的再释放。

（四）植物根系活动

由于根系分泌质子、有机酸和根系的呼吸作用，很多植物的根际土壤 pH 往往低于非根际土壤。植物根系所在的土壤中如果 H^+ 增加，金属离子 M^{n+} 与 H^+ 就会发生交换，交换的结果是 M^{n+} 被解析，而 M^{n+} 在解析之前已经被生物炭和土壤颗粒吸附。例如，国外研究者采用土柱淋洗和 Zn 稳定同位素方法，证明根际酸化作用使淋溶液中 Zn 浓度增加。因生物炭的"石灰效应"，施用 5% 生物炭促进了土壤中可交换态 Cd、Pb、Zn 向碳酸盐结合态的转化，但植物根系诱导的酸化作用抵消了生物炭的"石灰效应"，被生物炭钝化的 Cd、Pb 和 Zn 在根际重新被活化，导致生物炭并没有显著降低植物根系和地上部的 Pb 和 Zn 含量。根系分泌物是植物根系释放到根际环境中的有机物质的总称，其中低分子有机酸（包括甲酸、乙酸、乳酸、苹果酸、琥珀酸、酒石酸、柠檬酸、草酸等）是根系分泌物中的主要组分。大量研究发现，低分子有机酸可以增加土壤中重金属的生物有效性，原因在于其促进土壤中难溶性金属化合物的溶解，或与重金属离子形成螯合物或络合物，从而抑制土壤对重金属的吸附。

如果想要土壤在经过原位钝化修复后，能够保持长期的稳定性，就不得不考虑植物这一因素。因为土壤经过修复后，农用地土壤还会继续种植农作物。农作物种植之后，之前被固定的重金属可能会重新溶解或解析，导致这一结果产生的原因是钝化修复的稳定性降低了，这是因为植物根系的分泌物是有机酸等，随着时间的变化，有机酸等分泌物的积累越来越多，从而降低了钝化修复的稳定性。但是，不同的钝化剂产生的钝化效果也是不同的，所以在对重金属的固定上也是不同的，因此植物在生长过程中产生的物质对重金属的影响也是不同的。植物生长对固定重金属产生的影响也是不同的，比如对于通过吸附、离子交换等方法固定的重金属，随着植物的生长，受到影响就比较大，而对于通过氧化还方式固定的重金属，受植物生长的影响就相对来说更小一些，但不论影响的大小，产生影响的因素都是一样的，都是植物分泌有机酸的机制。

（五）土壤微生物的代谢活动

大量的有机物降解微生物可以对土壤中包含的生物炭、有机钝化剂、复合钝化剂等产生降解作用，促使原来被钝化的重金属重新释放出来。除此之外，一些土壤微生物还能分泌可使钝化后土壤中重金属有效性再次增加的铁载体、有机酸和生物表面活性剂。一些真菌通过分泌有机酸的方式对难溶性的磷氯铅矿进行溶解，并释放 Pb，这同时体现出了微生物修复重金属污染土壤的重要性，以及其可以为了改变重金属土壤的移动性而发生催化氧化反应。

一些细菌和真菌对重金属离子有很强的螯合能力。它们通过细胞表面的活性基团，如建筑基团、矮化基团、羟基等，在细胞表面螯合金属。在成功使重金属的有效性降低之后，丛枝菌根还将产生半胱氨酸配体和多糖与重金属螯合形成结构和性质稳定的复合物。此外，微生物的代谢活动也能增强和钝化土壤重金属的能力。因此，在钝化修复稳定性的研究中，尤其是与植物联合作用的研究中，需要更多地关注微生物因素。

四、钝化技术存在的问题

目前，钝化修复仍面临一些需要解决的重要问题。第一是缺乏钝化剂的质量控制标准。现有的钝化材料质量参差不齐，来源渠道众多。许多材料本身就是工矿废料。当大量施用此类外源物质时，二次污水淌口可能会对土壤造成未知的长期影响。第二，当前迫切需要建立多层次的农用地土壤钝化修复效果和安全性评价体系和技术规范。第三，随着环境条件的变化，钝化后存在重新释放重金属的风险，目前关于长效监测的报道不多。

第二节　土壤淋洗技术

土壤淋洗技术是指通过使用液体对污染土壤进行淋洗，从而溶解或脱附去除曾经吸附或固定在土壤颗粒上的污染物的一种技术。土壤淋洗修复的实现形式主要分为原位淋洗和异地淋洗两种。原位淋洗频繁使用于农业土壤。土壤原位淋洗技术是指利用能够促进重金属在土壤环境中溶解或迁移的溶剂，将淋溶液通过液压头，注入受污染的土层，然后去除土层中含有重金属的液体的技术，然后进行分离和污水处理。

一、淋洗剂的类型

淋洗液的选择是土壤淋洗技术的关键，选择的要求有两点，一是可以高效提取污染物，二是破坏土壤本身结构。目前，频繁使用的淋洗试剂种类大致可分为表面活性剂、螯合剂及无机淋洗试剂。

（一）无机淋洗剂

无机淋洗剂的主要成分包括各个种类的酸、碱、盐等，频繁使用的酸主要有硫酸（H_2SO_4）、盐酸（HCl）、硝酸（HNO_3）、磷酸（H_3PO_4）等，碱主要有

NaOH，盐主要有 $CaCl_2$、$FeCl_3$、$NaNO_3$、NH_4NO_3 等。无机淋洗剂作用原理包括络合、酸解及离子交换等，无机淋洗剂通过以上作用对与土壤表面官能团结合的重金属进行破坏，从而使重金属溶出，最后进入液相。对土壤中 Zn 的去除率由高到低的淋洗试剂依次为 HCl、H_2SO_4、H_3PO_4、HNO_3、酒石酸、草酸、NaOH。研究者比较了 NaCl、$CaCl_2$ 和 $FeCl_3$，这几种酸化后的溶液对土壤中 Cd 的淋洗效果，发现 $FeCl_3$ 的淋洗修复效果比 NaCl、$CaCl_2$ 都要好。当 $FeCl_3$ 的浓度为 10 mmol/L、液土比为 10 mL/g、振荡淋洗 1440 min 时，土壤中 Pb 去除率可以达到 96.77 %。

虽然使用无机淋洗剂已经可以很好地去除污染土壤中的重金属，但是为了达到较高的去除率，通常要选用浓度大于 0.1 mol/L 的无机酸。过高的酸浓度会对土壤的理化性质和结构造成非常严重的破坏，造成土壤养分大量流失。浓度较高的强酸等无机洗脱液在实际工程应用中受到很多限制，其对洗脱设备的要求较高，不仅洗脱液处理成本高，而且本身也属于不易再生的资源。

（二）螯合剂

螯合剂是使土壤溶液中的重金属离子结合成为稳定的螯合物的一种物质，可以从土壤中存在形态的角度来改变重金属，使其从土壤颗粒表面解析，通过不溶态到可溶态的转化来提高淋洗的效率。人工螯合剂与天然螯合剂是实际中频繁使用的两大类螯合剂

1. 人工螯合剂

人工螯合剂常见的有乙二胺四乙酸（EDTA）、甲基甘氨酸二乙酸（MGDA）、氨基三乙酸（NTA）、乙二胺二琥珀酸（EDDS）、二乙烯三胺五乙酸（DTPA）等。这类螯合剂对 pH 范围的要求较宽，都对重金属有很好的淋洗去除效果。例如，当 pH 为 7 时，几种人工螯合剂对土壤中 Cu 和 Zn 的去除效率从大到小分别为：EDDS > NTA > EDTA，NTA > EDDS > EDTA。一般来说，螯合剂对重金属的络合作用与其络合稳定常数成正比。

另外，人工螯合剂在作用过程中，虽然淋出污染土壤中的大部分重金属，但是也使得土壤中的大量矿质元素被活化，进而流失了土壤中的许多养分。同时，人工螯合剂的价格也偏高，并且其本身的生物降解性也不理想，在土壤中的残留会造成二次污染。二级致癌物之中就有 NTA，而且 DTPA 也是一种潜在的致癌物质。

2. 天然有机螯合剂

天然有机螯合剂主要有草酸、柠檬酸、丙二酸、苹果酸及天然有机物富里酸、胡敏酸等。天然有机酸在淋出土壤中重金属的过程中主要起到三种作用：第一种是通过与重金属的螯合作用使之成为一种带正电荷的螯合物；第二种是自身在吸附于土壤表面之后，通过官能团与重金属的螯合作用形成另一种螯合物；第三种是直接与重金属发生配位作用，进而生成一种高溶解性的络合物。

（三）表面活性剂

表面活性剂在淋洗修复重金属土壤中的应用较晚，表面活性剂的特性有亲油、亲水、吸附等，这些都能显著地对土壤的表面性质进行改变，同时也降低了溶剂的表面张力，或是通过交换土壤中重金属中的离子，使得土壤颗粒表面能够顺利解析金属络合物或是解析金属阳离子。表面活性剂按带电荷不同可分为阳离子和阴离子表面活性剂，而根据来源不同又可分为生物表面活性剂和化学表面活性剂。阳离子表面活性剂主要通过对土壤的表面性质进行改变，交换重金属离子，进而冲走土壤中的重金属，而阴离子表面活性剂则对土壤颗粒表面进行吸附，再络合重金属，进而使重金属的分解效率提升。

频繁使用的化学表面活性剂有吐温 80（Tween-80）、十二烷基硫酸钠（SDS）等。研究者对污染土壤使用不同类型的表面活性剂进行淋洗，发现阴离子表面活性剂 SDS 仅能去除 15 % 的 Zn 和 Pb，阳离子表面活性剂 CTAB（溴代十六烷基三甲胺）对重金属的去除率几乎为零。事实上，SDS 几乎不能解析土壤中含有的重金属，仅有 1 %~2 % 的生物表面活性剂是指由真菌、细菌等在其细胞体或者细胞膜外产生的有一定活性的代谢产物，常见的有皂角苷、鼠李糖脂、单宁酸、腐殖酸、环糊精及其衍生物等。这类物质通常具有非常复杂且极为庞大的分子结构，生物毒性较低且易降解，对部分重金属去除效果较好，而且对环境的耐受范围广，是非常适合重金属污染土壤修复的一种淋洗剂。有报道称，用皂角苷淋洗含有黏土、砂土和有机质含量高的土壤，可去除接近 90 %~100 % 的 Cu 和 85 %~98 % 的 Zn。

（四）复合淋洗剂

目前，国际上对于土壤淋洗修复技术的研究已经从单一淋洗剂的研究发展到多种淋洗剂共同作用的研究，同时使用两种或两种以上淋洗剂便构成了复合淋洗剂，淋洗方式包括顺序淋洗、混合液淋洗等方式。对于无机酸与无机盐、有机酸与螯合剂、有机酸与表面活性剂等复合淋洗剂已经开始进行研究测试。例如，利用 Na_2EDTA、KI 和草酸 3 种化学试剂的组合，淋洗 Cd、Cu、Pb、Zn、Sn 和 Hg 污染的土壤，可使重金属含量达到土壤环境安全标准。

二、影响淋洗效果的主要因素

淋洗剂有两个主要影响土壤中重金属的淋洗效果的因素，一个是土壤自身的因素，另一个是淋洗所处的环境与条件。土壤自身的因素主要包括土壤的共存离子、重金属的种类和含量、各种理化性质（质地、pH、阳离子交换量、有机质含量）及其在土壤中的存在形态；而淋洗所处的环境与条件则包括了淋洗剂的种类、用量及淋洗 pH、浓度、时间、固液比等。

（一）土壤因素

重金属的结合力与土壤质地有很大的关系，黏土重金属的结合力就要比砂土重金属的结合力强。用磷酸盐做测试也可以发现细颗粒土壤的吸附作用更强，所以其对 As 的淋洗率偏低。EDTA 对黏粒占比 47.9 % 的土壤中 Ni、Co 的淋出效果远优于柠檬酸和丙二酸，但对黏粒占比 29.2 % 的土壤中重金属的淋洗效果差别不大。柠檬酸与 $FeCl_3$ 复配淋洗对污染土壤中 Cd、Cr、Pb 和 Zn 的淋出率与粒径的关系从大到小大致为：粉黏土＞粗砂＞细砂。

对重金属赋存形态及重金属与土壤胶体的结合力有影响的还包括有机质、阳离子交换量和 pH 等理化性质。土壤的 pH 对土壤对重金属的吸附能力和重金属的迁移率产生重要影响。有机质含量高不利于重金属在土壤中的淋溶。EDTA 浸出用于修复废弃多年的污染场地，土壤中的重金属浓度仍然很高。目标重金属与有机物之间的强结合力也是淋洗液难以解决的一个重要原因，土壤阳离子交换容量大，说明土壤胶体对阳离子金属的吸附能力更强，对重金属的结合力强，这也导致浸出效果不理想。

淋洗效果的好坏还受土壤中重金属与非重金属之间、不同重金属之间的相互作用影响。例如，用 EDDS 淋洗污染土壤，发现土壤液相中 Cu 和 Zn 均为 EDDS 结合态，而 Ca 对 EDDS 与 Cu、Zn 的络合作用存在明显的竞争作用。大量研究也表明，土壤中 Fe^{3+}、Ca^{2+}、Mg^{2+} 等大量阳离子的竞争是影响 EDTA 对土壤重金属有效去除的一个重要因素。

淋洗效果的好坏还取决于土壤中重金属的浓度、种类和赋存形态等。研究人员发现，低污染土壤中重金属的去除率低于中等污染土壤。一般来说，不同形态重金属在土壤中的淋出从易到难依次为：可交换态＞碳酸盐结合态＞铁锰氧化物结合态＞有机物结合态＞残渣态。重金属可通过以下方法分离，水溶态重金属可通过去离子水淋洗去除；可交换态重金属可通过无机淋洗剂的离子交换作用或螯合剂的螯合作用去除；碳酸盐结合态重金属用酸溶液可去除；而使用高浓度酸溶液才能去除有机物结合态、铁锰氧化物结合态和残渣态重金属等。

（二）淋洗条件

当下复合淋洗技术研究的热点之一便是优化复合淋洗修复的条件。

包括淋洗剂的种类、淋洗时间、复合淋洗剂的淋洗顺序、淋洗浓度和固液比等在内都是对淋洗效果产生影响的重要因素。

一般而言，淋洗剂的浓度如果增加，那么土壤中重金属的淋洗去除率也会随之增加。例如，虽然淋洗剂的浓度对 As 的去除效率影响不大，但土壤中 Cd 的去除率会随着淋洗剂浓度增大而提高。随着柠檬酸和 $FeCl_3$ 浓度的增加，其对土壤中 Cu、Zn、Pb 和 Cd 的去除率明显增加，但 EDTA 浓度变化对 4 种重金属的去除率无明显不同。

实际工程中的淋洗效率和成本费用也由淋洗时间决定。通常，淋洗时间越长，淋洗剂对重金属的淋洗效率也就越稳定。淋洗时间过长可能会导致解析的重金属在土壤中重新吸附和沉淀。增加淋洗液淋洗次数和清水淋洗次数可以提高重金属在高污染土壤中的去除效率，降低淋洗液用量和淋洗成本。研究发现，即使 EDTA 的用量不足（低液固比），多次浸出的效果也比高液固比和单次浸出的效果更显著。

采用复合淋洗剂时，对土壤重金属的去除效率有重要影响的因素还包括了淋洗剂的添加顺序。例如，研究发现对土壤 As、Cd 淋洗效果最佳的洗涤顺序为磷酸＞草酸＞ Na_2EDTA，As 和 Cd 的去除率分别为 41.9 ％和 89.6 ％，剩余重金属的迁移率和生物利用度的危害最小。

第三节　植物提取技术

植物修复是目前我国污染农田土壤治理修复中正在示范和推广的一类修复技术，是指利用超积累（富集）植物或络合诱导植物能有效转移和吸收污染土壤中的重金属，并在地上积累。通过采集植物的地上部分，可以达到去除土壤中重金属的目的。植物提取技术可分为两类：一种是连续植物提取技术，直接选择超积累植物吸收和积累土壤中的重金属；另一种是诱导植物提取技术，该技术通过在种植植物时添加一些能够激活土壤的物质来提高植物提取重金属的效率。

在应用超积累植物修复重金属污染土壤的过程中，应根据植物特性和当地气候进行科学种植，并选择适当的栽培管理措施，包括育苗、耕作、密植、除草、间作、扦插以提高植物提取效率。

一、重金属超积累植物

超积累植物通常是指一种能够从生长介质中吸收过量重金属并将其运输到地上部进行积累的植物。目前，超积累植物鉴定的最广泛使用的标准如下。①重金属含量上来说，超积累植物地上部要比一般的植物高 100 倍以上。一般叶片或地上部分（干重）镉含量应达到 100 mg/kg，镍、铜、砷、钴、铅含量应达到 1000 mg/kg，锌、锰元素的含量应达到 10000 mg/kg，金含量应大于 1 mg/kg。②在重金属污染的环境中，生长不受影响，生物量大，能正常生长繁殖。③植物对重金属的富集系数大于 1（富集系数 = 植物地上元素的质量分数 / 土壤元素的质量分数）。

目前，世界上已发现超积累植物近 721 种，隶属于 52 科 130 属。研究发现，最具代表性的超积累植物种类主要集中在十字花科（83 种）和竹子科（59 种），其中植物主要是山竹属（Thlaspi）、芸薹属（Brassica）和芦荟属（Alyssums）。与国际上对超积累植物的研究进程和丰富程度相比，我国对重金属超积累植物的研究起步较晚，超积累植物种类较少。

二、影响植物提取效率的主要因素

地上部植物的生物量和金属含量决定了植物提取的效率，植物修复效率随着地上部生物量和金属含量的变大而增加。哪怕建立大量研究的基础上，当前国内外植物提取技术的成功案例也并不多，而且几乎不用于商业。一般来说，商业植物修复希望将土壤中的金属浓度降低到国家土壤环境质量标准以下，控制在 1~3 年的合理时间范围内。要想实现目标，就要求植物地上部可以完成 1% 左右的重金属积累，地上部生物量应达到每年每公顷 2 吨。目前，植物提取技术的商业化应用主要受限于两大因素：第一是大多数已知的超积累植物生长速度慢、生物量低；第二是土壤中重金属由于生物有效性低、植物难以吸收等特点，很难从超积累植物的根系转移到地上部。

（一）植物的生物量

拥有以下较为常见特征的植物可以应用植物提取技术。

（1）能耐受生长介质中的高水平重金属。

（2）能在植物体内积累出高浓度的污染物。

（3）地上部与根系生物量的比值大且生长较快。

（4）可以同时积累多种金属。

（5）根系非常发达。

（6）拥有抗虫抗病的能力。

然而，目前的超积累植物几乎都具有生物量较小、生长较慢的特点，且大多数为莲座生长的模式，使得机械操作难度大大增加，也因此植物提取技术的广泛推广和应用都受到限制。目前，东南景天、伴矿景天和蜈蚣草已经在全国范围内应用于我国重金属污染农用地土壤修复示范，蜈蚣草应用于砷污染土壤的修复，东南景天与伴矿景天应用于镉、锌污染土壤的修复。

（二）重金属的生物有效性

土壤中的重金属以不同的形式存在，一般分为碳酸盐结合态、铁锰氧化物、交换态、水溶态、氢氧化物结合态、有机物结合态和残余态。另外，根据植物吸收不同程度的重金属，将土壤中的重金属分为有效态、交换态和不可用态。可用金属包括易被植物吸收的游离或螯合金属离子；可交换金属包括可被植物部分吸收的与碳酸盐、有机物、和铁锰氧化物结合的金属离子；不可用金属包括植物难以吸收的残留状态。这三种形式的金属在植物根际环境中处于动态平衡。土壤中重金属的存在形态和生物有效性直接影响植物能否通过根系吸收相应的重金属离子。

在通常的实验中，我们可以看到水培条件下植物地上部分重金属含量远高于土壤条件下。在以往的实验条件下，超积累植物地上部分的重金属含量往往超过1%，而由于营养液中重金属的高活性，当它们生长在被重金属污染的土壤上时，土壤中重金属的活性很低，因此地上部分的重金属含量很难达到1%。

三、提高植物提取效率的措施

（一）螯合诱导强化技术

前文已提到螯合剂能够与重金属结合形成复合物，使土壤重金属成为可溶态的重金属。因此，重金属的植物有效性大大增加，进而可提高植物提取效率。

　　EDTA 投入土壤中能够与多种重金属形成水溶性的"金属—螯合剂螯合物"，从而提高土壤中重金属的生物有效性，也使植物对目标重金属的吸收有了显著强化，是目前研究最多的一种螯合剂。

　　EDTA 等螯合剂提高了目标重金属在土壤溶液中的有效含量，但也使重金属向地下渗滤及重金属对植物的毒害效应的风险大大增加。在实际使用中，螯合剂的使用会导致植物变黄、萎蔫甚至死亡。例如，研究表明，2.4 mmol/kg 的 EDTA 既能提高从百日草中提取铅的效率，还可以刺激幼苗的生长，而幼苗生长会在 EDTA 浓度高时受到抑制。所以，要在螯合剂的使用过程中严格控制螯合剂的用量或添加方法。此外，螯合剂的降解速率对螯合辅助植物萃取的浸出率有很大影响。因此，在使用螯合剂强化植物修复技术时，还应进一步研究和探索环境风险和内部反应机理。

（二）微生物强化技术

　　土壤中存在丰富的包括放线菌、藻类、细菌、真菌等在内的微生物资源。通常在 1g 土壤中可以存在几亿到几百亿个微生物，随着土壤环境及土层深度的变化，其种类和数量也会随之产生变化。植物与微生物在土壤环境中通常是互利共生的关系。这些微生物包括根内共生的根际微生物、植物内共生的内生真菌和与植物地上器官共生的叶面微生物。在微生物—植物共生系统中，微生物可以通过多种方式提高植物对重金属污染土壤的修复效果，可分为直接作用和间接作用。直接作用主要是指微生物为了提高土壤重金属的生物有效性，对土壤重金属进行了活化、吸收和转化；间接作用是微生物为了促进植物生长，增强植物修复效果，通过改善植物营养、酶活性和激素水平等，提高植物对重金属的耐受水平等实现的。

　　1. 增加土壤中重金属的生物有效性，促进植物对重金属的积累和吸收

　　土壤中重金属的生物有效性是影响植物提取效率的关键因素之一。微生物可分泌有机酸（乙酸、甲酸、葡萄糖酸等）、铁载体和生物表面活性剂等多种代谢产物，这些代谢产物可以促进土壤中沉淀态金属的溶解、吸附态金属的解吸，还可形成金属螯合物，从而使土壤中有效态重金属含量提高和促进植物对重金属的吸收。例如，东南景天根系内生菌荧光假单胞菌 R1 在生长代谢过程中，能分泌有机酸，在一定程度上促进东南景天对 Zn 和 Cd 的吸收。

　　土壤微生物还可以通过氧化还原或者甲基化和去甲基化作用，增加土壤中汞、

砷等的有效性。例如，蜈蚣草根际细菌活跃的外排行为和砷还原等反应，可以对根际砷的生物利用性进行有效的提高，并且使蜈蚣草对砷的吸收和积累能力大大提升。假单胞菌属细菌可将钴胺素转变为甲基钴胺素，甲基钴胺素可作为甲基的供体，在三磷酸腺苷（ATP）和特定还原剂共同存在的条件下，重金属离子（Pb、Cd 等）与甲基络合形成甲基铅、甲基镉等易于被植物吸收的络合物，例如甲基钴胺素在酶促影响下将汞络合形成易被植物吸收的甲基汞。

2. 促进植物生长，增加地上部生物量

根瘤菌是一种革兰氏阴性细菌，能固氮并侵染豆科植物根部形成根瘤。近年来，人们发现根瘤菌可以有效地提高重金属污染的植物修复效果。例如，若将根瘤菌接种至含羞草根际，形成根瘤后显著促进宿主植株对 Pb、Cu 和 Cd 的吸收，其中对 Pb 的吸收能力最强。

硅细菌、钾细菌、磷细菌等能将各种矿石中的硅、钾和磷分解出来，为植物生长提供大量的用以吸收利用的矿物质元素，从而提高植物生物量和促进植物生长。例如，巨大芽孢杆菌作为一种溶磷促钾细菌，不仅可以提高土壤有效磷含量，促进植物生长，还可以通过产生分泌物活化土壤重金属。研究发现，接种巨大芽孢杆菌促进了黑麦草、东南景天和伴矿景天的生长，提高了土壤有效态 Cd 含量，对修复 Cd 污染土壤起到了促进作用。

土壤中的铁主要以氧化物、磷酸盐、碳酸盐和高不溶性铁（Fe^{3+}）的氢氧化物的形式存在，一般很难满足植物生长发育和土壤微生物繁殖的需要。特别是在重金属胁迫的环境条件下，一些土壤细菌可以分泌铁载体，提供可溶性复合铁载体给植物，并借由细胞膜上存在的特殊的转运蛋白进入细胞内部，从转化的细胞质空间和质膜中的蛋白质转移到细胞质，参与细胞代谢活动，从而从铁载体中释放铁。研究发现，从镍超积累植物布氏香芥（Alyssumbertolonii）中分离得到的内生细菌在镍的胁迫下能分泌铁载体，为了促进植物生长发育而提高植物对重金属（镍、铬、锌和铜）的毒性抗性。

微生物可以通过分泌生长素（如吲哚乙酸，即 IAA）、细胞分裂素、1- 氨基环丙烷羧酸（ACC）脱氨酶、维生素等物质，与植物形成紧密的交叉对话机制，进而直接或间接促进植物生长。例如，伯克氏菌 D54（Burkholderia sp.D54）能产生 IAA 和铁载体，能溶解无机磷和矿物金属元素。在土壤中接种该菌株可以促进东南景天的生长，使东南景天的生物量有所提升，并能提高对重金属的吸收量。在 Pb 存在的情况下，接种具有较高 ACC 脱氨酶活性的不动杆菌 Q2BJ2 和芽孢杆菌 Q2BG1，分别使油菜地上部和根部的干重增加了 15 % 和 23 %。事实上，土壤接种具备产生铁载体和磷酸盐、IAA、ACC 脱氨酶和增溶能力的木霉（Trichoderma sp.MG）后，向日葵治理 Pb 污染和 As 污染土壤的效率就有了明显的提高。

（三）土壤动物强化技术

土壤动物由原生动物和后生动物两个种类构成。原生动物一般指结构较为简单的单细胞动物，细胞大小一般在几微米到 1 cm 之间，包括纤毛虫类、鞭毛虫类和根足虫类。而土壤后生动物主要包括线虫、节肢动物和无脊椎动物等。土壤动物在促进土壤物质能量转化、维持土壤生态系统结构和功能方面起着重要的调节作用。复杂的相互作用也体现在土壤动物和植物之间：一方面，植物对土壤动物养分供应的影响可以通过对进入土壤生态系统的资源的质量和数量进行调整来实现，因为大多数土壤动物会吃植物的根或茎和叶，或者利用植物作为居住环境和氧气的来源，这其中还有少数像捕蝇草和茅膏菜这样的植物可以捕食昆虫，它们以捕捉与消化小动物来获得包括氮元素在内的矿物质；另一方面，为了影响植物的初级生产力产生，土壤动物通过与微生物一起对有机质进行分解来促进营养周转，同时通过对植物根系进行营养状况的调节。

土壤动物（如蚂蚁、蚯蚓、线虫等）对重金属的富集、吸收和迁移等的相关研究与土壤微生物相比要少很多。土壤动物不仅可以通过对重金属的吸收和富集来降低土壤中的重金属含量，还可以通过自身的活动提高土壤中重金属的活化能力，进而通过植物的富集作用来吸收重金属。

一些土壤动物如蚯蚓就可以通过搅动、挖洞、排便等日常活动对土壤理化性质进行显著的改变，同时也可以改变土壤微生物群落、改善土壤养分循环，在土壤生态系统中起着不可替代的作用，因而蚯蚓被誉为"土壤生态系统工程师"。与未接种蚯蚓处理组相比，接种蚯蚓处理组黑麦草植株的生物量增加 29 %~83 %，印度芥菜植株的生物量增加了 11 %—42 %；同时，蚯蚓也使黑麦草和印度芥菜对锌的吸收量有一定幅度的增加。研究发现，加入蚯蚓能使印度芥菜和黑麦草中的 Zn 总累积量分别提高 57.8 %~131.6 %、51.4 %~150.5 %。蚯蚓的活动可以显著增加土壤中有效态 Zn 的含量并降低土壤 pH；同时蚯蚓活动显著增加了地上部 Zn 浓度及对 Zn 和 Pb 的吸收量。

土壤中重金属的生物有效性由于土壤动物自身的活动而大大提高，也同时促使了植物对其的富集。例如，用高砂土加入不同浓度梯度的 Cu^{2+} 或 Cd^{2+} 为供试土壤。结果证明，蚯蚓活动可以明显提高土壤中酸提取态 Pb、Cd 含量，降低可还原态 Pb、Cd 含量，但氧化态 Pb、Cd 含量则无明显变化规律。蚯蚓的排泄物还可以促进 Cu 由根系向地上部分的转移，促进黑麦草对 Cu 的吸收和富集。

（四）农艺强化技术

影响植物提取效率的重要因素还包括修复植物地上部的生物量。超积累植物由于受到土壤肥力、气温、湿度等的环境因素影响，植物植株密度小、植物生长缓慢。因此，为了提高植物的修复效率，可以通过包括增加土壤肥力、优化栽培、合理灌溉等在内的各种合理的农业措施进行缓解。

1. 施肥

植物修复过程中十分必要的手段之一就是施肥。一是施肥可以增加土壤的肥力，使重金属积累植物生长发育，并增加其生物量；二是施肥令土壤的某些理化性质发生改变，例如改变土壤的 pH，从而使土壤中重金属的生物有效性发生改变，也对重金属在植物体内的运转或植物根系和地上部分的生理代谢过程等产生影响。对植物修复污染土壤的效果的影响包括不同肥料含有不同的营养成分，或是土壤重金属元素的作用机制等。肥料受到土壤类型、植物自身特性影响的等特殊情况下也可变成强化植物修复的改良剂。

植物生长需要大量营养元素，包括氮、磷、钾等，合理选用施肥用量、选择合适的肥料品种，可以使植物修复效率成倍增加。一项田间试验发现，促进蜈蚣草的生长，提高其生物量，可以通过施用适量的氮肥实现。一项温室土培研究发现，超积累植物绿叶苋菜、羽叶鬼针草和紫穗槐生物量的增加可以通过使用适量的氮和钾实现，这两种元素的增加还可以提高植物对铅的吸收，但氮和钾的量要适中，不可过多。通过田间实验和盆栽试验研究了东南景天吸收镉和锌受到不同肥料的影响。结果表明，适量氮（0.1~5 mmol/L）、磷（0.1~0.5mmol/L）和有机肥能显著促进东南景天的生长、提高生物量、促进东南天对锌和铬的吸收以及向地上部分的转运；随着施肥浓度的增加，虽然东南景天没有表现出严重的被毒害的迹象，但其生物量和地上部锌、镉的积累量显著减少。施用硝态氮肥可以有效地提高根际土壤 Zn 和 Cd 的生物有效性，而且还可以显著增加伴矿景天体内 Zn 和 Cd 浓度。另一种方法更有利于促进伴矿景天的生长，那就是施用铵态氮肥。伴矿景天生物量的影响显著是因为氮肥形态，这大于对植物地上部 Zn、Cd 浓度的效应，施用铵态氮肥。

将植物生长所需要的肥料或营养成分按照一定比例调制，这就是叶面肥营养液。向植物叶面喷施叶面肥，可以缩短植物修复周期，通过缩短植物修复周期，可以达到强化植物提取修复重金属污染土壤的目的。近年来，强化植物提取修复重金属污染土壤的研究当中常使用植物激素它作为调节型叶面肥，这是比较合适的。常用的植物激素有吲哚丁酸（IBA）、吲哚乙酸（IAA）、赤霉素（GA）等。叶面肥具有肥效强、吸收快、施用简单、污染风险低等优点，是一种环境友好型肥料，这些优点让它被十分看好，但也存在一些有待改进的地方，如喷施养分容易从雨水中渗出、提供的养分量有限等。所以，不要盲目地、大量地喷施叶面肥。在施用叶面肥时，需要正确掌握喷施方法，包括喷施浓度、时间、地点等关键性技术，以免浪费叶面肥。尽管在叶面肥的开发和应用方面存在许多不足，但是总体来说，施用叶面肥还是一个较好的方法。

二氧化碳（CO_2）在植物光合作用中起着重要的作用，大气 CO_2 浓度的升高会使一些植物光合作用更强，生长更旺盛，这是因为重金属胁迫等逆境条件会使其努力存活，也能刺激植物积累某些重金属，从而提高处理效率。现在人们已经认识到，将 CO_2 浓度增加一倍可以使植物的产量增加 30%。事实上，在铜污染环境中生长的印度芥菜和向日葵的地上生物量随 CO_2 浓度的升高而显著增加，同时提高了向日葵和印度芥菜对镉的富集效率。

2. 水分管理

植物生存所需的水是植物生长的一部分。植物通常可以生长在干净的区域，但是不是绝对的，在一些情况下，有一些植物就可以在极干旱的地方生存。年降水量 500mm 以下，就可以称为较为干旱地区，蜈蚣草可以在这类地区正常生存和繁衍。这类植物能够生存于干旱地区的原因是什么呢？有研究者认为是因为它们具有修复能力，为此研究者做了一系列的实验。在 70% 土壤最大田间持水量（70%WHC）处理下，伴矿景天生长最好，生物量最大，对重金属吸收能力最强。由此，研究者得出了这样的结论：适度缺水可以培养超累积植物具有一定的抵抗干旱的能力，但是过犹不及，并不是缺水程度越高越好，过度缺水会削弱其修复能力。

3. 育苗和管理措施

超积累植物的育苗速度、发芽率和成活率等方面数据，都与其育苗方式有很大关系。蜈蚣草作为砷的一种超积累植物用 3~6 个月就可以完成萌发到长出 2~4 叶这一过程，但是这种育苗速度极其不利于土壤砷污染的修复。

在不同收割频率的情况下，对牧草的品质、群体结构、生物量、生理生态和产量都有不同程度的影响。由于多年生超积累植物具有较强的再生能力，可广泛应用收割来提高生物量、延缓生育期提高重金属吸收效率。事实上，如果还是用蜈蚣草来做实验，在一定条件下，蜈蚣草一年割三次，每次留茬高度约 7.5cm，修复收获效率为一年收获一次处理 1.9 倍。结果表明，收割在一定程度上可以提高植物的修复效率，是提高植物对重金属污染土壤处理效率的一种策略。

四、植物提取技术的优缺点

在和其他传统修复技术相比较的情况下，植物提取有其独特的优势。第一，对土壤和环境没有破坏性；第二，经济效益高；第三，公众接受度高；第四，不用挖掘或运输受污染的介质；第五，不需要弃置场地；第六，使用植物提取可以用于重金属复合污染场所的修复。

在利用超积累植物修复重金属污染土壤的实验过程中，发现了如下问题：第一，生长时间短、生物量低、生长缓慢、生长周期长受环境条件限制等这些条件是大多数超积累植物的短板；其次，一种植物只能携带或吸收一种或两种重金属，对于其他浓度较高的重金属，植物会出现中毒症状，这也就是说，利用植物来吸收重金属的量十分有限，这也就限制了重金属的利用。第三，超积累植物的根系通常较浅，仅对浅层污染土壤有效，这就造成了局限，深层土地重金属的污染它们根本无能为力。第四，植物吸收重金属的器官往往通过腐烂、叶子等方式返回土壤，这样就导致了即使对于土壤重金属进行了有效吸收，也会在植物腐败的时候回到土壤。第五，植物修复过程比物理和化学过程慢，因此植物修复周期比传统处理长，效率不高。

第四节　电动修复技术

1972 年，Parshina 撰写的《土壤电动性质对绿泥石迁移的影响》发表在 Soviet Soil Science 出版物上，这是我国第一篇土壤电修复科学论文，然而，俄罗斯专家在此之前就发表了两篇关于土壤电处理的科学论文。美国科学家在 20 世纪 80 年代发表了三篇研究论文。1991 年以后，相关论文的数量大幅增长，即在快速增长期，2016 年达到 110 篇论文的高峰。1992 年，中国科学院南京土壤研究所的某位学者撰写的《中国铁溶胶的电动特性与成土发育的关系》论文发表在 Geoderma 上，这是我国学者发表的首篇有关土壤电动修复的 SCI 论文。自此，一直到 2017 年 10 月 16 日，该领域文章发文量不断增加，中国科学家以发文总量 239 篇位居世界第二。

一、电动修复的原理

电动修复技术的基本原理就是：在操作开始之后，土壤中会产生带电离子，吸附在土壤颗粒表面的水溶性物质或污染物会根据电荷向不同方向移动，导致土壤中污染物的富集或分离，这种原理就类似电池的基本工作原理。如图 5-4-1 即为处理富集的污染物的示意图。在电处理过程中，土壤中的重金属离子可以通过电迁移、电渗或电泳迁移到电极上，从而达到将重金属从土壤中去除的目的。

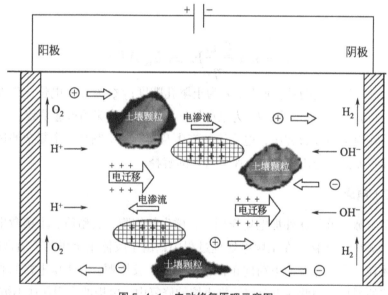

图 5-4-1　电动修复原理示意图

（一）电迁移

有一种普遍的物理现象，那就是土壤中的带电离子会在电场力的作用下，发生定向迁移，负电荷的离子向阳极区域移动，带正电荷的离子向阴极区域移动，这就是电迁移过程。带电粒子的电迁移速度可以表示为如下式子。

$$U_{em} = vzFE \qquad (5-1)$$

式中 v 为带电离子的移动速度；Z 为离子电荷数；F 为法拉第常数；E 为电场强度。

因此，离子移动速度、离子电荷数和电场强度这几个因素，就是影响电迁移速度的主要因素。带电离子电迁移的速度大小，是与离子所带的电荷数和电场强度成正比的。

（二）电渗流

土壤孔隙液体流动，会在外加电场作用下发生，发生的这种现象，我们称其为电渗流作用。在一般情况下，土壤胶体微粒具有双电层。而这双层的电子，根据已有理论，我们可以得到：在电动力的作用下，土壤孔隙中溶解的重金属或其他粒子，会在阳离子的不断带动下，向阴极端迁移土壤电渗流的速率（q_{eo}）受土壤性质、孔隙水性质及外加电场强度等多种因素影响，具体可以表述为公式（5-2）。

$$q_{eo} = nA\frac{\zeta D}{\eta}E_z = k_{eo}AE_z \qquad （5-2）$$

式中，A 为通过的垂直面积；n 为土壤孔隙度；ζ 为 zeta 电位；D 为介质的介电常数；η 为孔隙水黏度；k_{eo} 为电压梯度；E_z 为电渗流的渗透系数。

因为在电动修复过程中，电渗流的产生及其影响机制是一个复杂的过程，所以理论并不能简单地用于电渗流速率机理的解释。

（三）电泳

所谓电泳，就是在外加电场作用下，微生物细胞、腐殖质、土壤微生物等发生沿电场方向的迁移。在土壤电处理过程中，由于胶体重金属离子通常带负电，带电胶体粒子会以相反的电荷向正极移动。由于胶体颗粒对土壤电极的影响远小于电迁移的影响，因此在重金属污染土壤的修复中，电极的作用往往不被考虑。

二、影响电动修复效率的主要因素

在电动修复过程中，土壤性质、电极材料、电极制备、辅助试剂、电源等因素都会影响电动修复的成本。

（一）土壤性质

不同类型土壤具有不同特性，土壤的 pH、有机碳含量、矿物质成分、土壤颗粒分布、渗透性、对重金属的吸附能力、缓冲能力等可对电动修复效果造成较大的影响。结果表明，不同土壤类型，如砂质土、粉质土、黏粒土的电动修复实现中，砂质土的去除率较高，土壤类型和 pH 是影响砂质土去除率的主要因素，是影响电处理的主要原因。研究者比较了电动修复对 5 种典型镉污染土壤的修复效果，经过 12 天电动修复后，黑土、潮土、红壤、水稻土和黄棕壤中镉的去除率依次为 16.7%、21.0%、47.1%、10.7% 和 12.6%。原因可能是：红壤具有较强的电迁移和电渗流动性，土壤呈酸性，对碱性具有较强的缓冲力，电动再生不易产生氢沉淀，影响镉迁移；黑土相对呈碱性，电解产生的 OH^- 不易中和，因此镉的去除率不如红土。尽管液态土壤的电流和电渗流速略低于黑土，但对碱度的缓冲力比黑土强，修复效果强于黑土。

（二）重金属种类与浓度

污染物浓度越高则越有利于电动修复技术的应用，这与大家的猜想正好相反，土壤中污染物的浓度对电动修复没有显著影响。在处理重金属质量浓度高达 5000 mg/kg 的土壤时，电动修复的去除效率并未受影响。

（三）电极材料

目前最常用的电极是石墨电极和钛合金电极，除此之外也有其他材质电极，只不过不常用。大多数研究人员主要关注电极性能的导电性和稳定性，但是他们忽略了很重要的一个因素，即调查和讨论不同电极材料对电动修复效率的影响。例如，像是石墨、不锈钢和钛板这三种不同的电极材料，对尾矿地区附近铅污染土壤的电动修复效果就不是完全一样的，它们的效率高低不同，实验结果如下：在一定的电场强度下，在 48 小时之内，石墨电极电动修复全铅去除率为 77%，而不锈钢电极的修复率为 64%，钛电极的修复率为 54%。造成这样结果的原因可能是石墨电极为电子转移提供了更活跃的界面。

（四）供电方式

在电气维修项目中，根据能源捐赠的实际使用情况，对目标采用稳压或稳流的方式供电。相应的研究表明，更高的电流强度可以支持迁移，但报告过程中的能源消耗也会被联系起来，当前能源消耗与跳线的路径成正比。目前，研究人员在实验当中利用第一电池、阳极能量开关的位置、脉冲电站、微生物组合电池和太阳能电池来减少修复过程中的能量损失，提高修复用电效率。在这些所有的实验方法当中，在电动修复的过程中，脉冲供电方式已被证实为一种节能降耗的供电方式。

事实上，除能节省能量消耗外，还可降低能耗、控制土壤pH。电导率变化小，能有效防止电极腐蚀，同时与传统的电修复相比，电修复脉冲电压产生的电渗更小。然而，脉冲电压对土壤中大量元素的影响及大量元素对重金属污染土壤能量消耗的影响尚不清楚。

（五）电极类型及其空间构型

电极构型影响电场的活性面积，而电场活性面积是影响电动修复技术去除重金属效率的重要因素之一。当前，大多数的研究是用产生均匀电场的平板电极进行的，这种方法在土壤处理中具有较好的均匀性。然而，极板面积大，电极反应剧烈，极化集中现象明显，导致电极表面区域消耗大量电能。一些学者对非均匀电场进行了一些研究，发现非均匀电场在保持土壤特性、降低能耗方面优于均匀电场。然而，在不同的电场配置下，不同电场强度和电场分布的不均匀性必然会影响土壤电处理的效果，所以实验结果具有多种可能。研究发现，采用环绕的电极装置具有更高的效率。在一次实验当中，研究者对镉、镍、铅、铜4种阳离子型重金属进行电动修复，在此过程当中使用的是正六边形电极构型并控制阴极pH，在整个反应单元中逐步形成了酸性迁移带，因为迁移带的产生，所以可以避免重金属离子的沉淀。

三、提高电动修复效率的措施

（一）阳极逼近法

在电修复过程中，由于电解水的存在，阳极和阴极分别产生大量的OH^-和H^+。同时，在电迁移的作用下，OH^-和H^+分别向电极的另一端移动，使土壤的酸碱性发生变化，这是由离子的移动而形成的。氢氧化物一旦和土壤中游离重金属离子结合成沉淀，就会造成土壤孔隙堵塞，这不利于重金属的迁移，就会使得实验结果远远偏移预设，严重影响预处理效果，这种现象被称为聚焦效应。阳极法可以缩短阴极与阳极之间的距离，使阴极逐渐接近阳极，从而降低土壤pH，增强氧化还原作用，减少土壤液相重金属浓度，促进重金属离子在土壤中的迁移。

在实际运行过程中，只能通过实验来确定的数据也是关键性数据，如电极移动的时间间隔和距离。因为这些数据只能在实验室里得出，所以这对于实际应用来说是有一些阻碍和局限的。即使该技术可以加快修复进程，并且相对于其他的方法来说可以提高重金属污染土壤的修复效率、节省资源、减少能耗，但该技术也不是完善的。

（二）电极交换法

电极交换技术是将电极的极性在一定时间内转换，使阳极产生的 OH^- 和阴极产生的 H^+ 及时中和，避免形成强碱。离子交换法能有效地抑制强碱性区重金属离子氢氧化物的形成和沉积土壤孔隙溶液，电修复加固效果结果表明，土壤中铬和镉的去除率分别为 57％和 49％。如果交换电极技术控制土壤 pH 为 5~7，在交换电极时间为 96 h、铬 70％、镉 82％的土壤条件当中，实验结果为：土壤中的镉可以被去除。电极交换技术在一定程度上能减少实验结果当中我们不需要的部分，高金属的去除效率，但是在也存在一些缺陷，如无法准确掌握极性交换的时间间隔，这在一定程度上限制了该技术在土壤修复中的应用。

（三）添加强化剂法

大量研究表明，有效控制土壤 pH 是提高电处理效果的关键。通过在阴极区域注入相应的酸来调节阴极的酸度，从而减少阴极附近重金属的沉积，这就能够促进重金属离子在土壤中的迁移。

通常在阴极电解液中加入复合剂，使其与重金属离子反应，这样的反应能够形成可溶性复合物，从而提高重金属离子在土壤中的迁移率。乙二胺四乙酸（EDTA）是一种能与大多数金属离子在较宽 pH 范围内形成稳定配合物的有机配合物。它不易吸附在土壤中，对环境相对安全，而且它在较宽的 pH 范围内可以与大多数金属离子反应从而形成稳定络合物。在实验处理 15 天后，去除率平均数仅为 18.5％。随着 EDTA 浓度分别为 0.1 mol/L、0.2 mol/L，铅的平均去除率从44.4％提高到 61.5％。除此之外，还发现柠檬酸、乳酸、乙酸等有机酸能提高铜、铅等重金属污染土壤的电修复效率，铬和镉的吸收效率也不错。

（四）离子交换膜法

一种含有离子渗透性基团和离子选择性基团的聚合物膜，被称为离子交换膜。为了防止阴极区产生的 OH^- 进入土壤，这种聚合物膜阳离子交换膜紧贴阴极槽。阴离子交换膜紧贴在阳极槽上，可防止阳极槽内产生 H^+，使阳极区土壤 pH 不会过低，如此一来，这些离子就会按照既定的轨道运行，不会脱离掌控进入土壤，从而对土壤产生污染。以铅镉复合污染土壤为例，应用阳离子交换膜对其进行了为期 60 天的处理后，阳离子交换膜附近土壤 pH 为 6.95，对铅和镉的去除率分别为 68 % 和 38 %。

第五节 联合修复技术

没有单一的修复技术是完美的，就像是没有一个战士可以单打独斗一样，他们都有优势，但是其缺陷也一样是显而易见的，重金属污染土壤修复领域的热门在近些年来发展方向便是多种修复技术的联合修复措施。正是因为每一种单一方式都不完善，所以联合措施便成为首选。生物联合技术、物理化学联合技术和物理化学—生物联合技术是近年来较为热门的方向。

一、表层淋洗 + 深层固定技术

土壤淋洗易导致土壤养分流失和土壤的内层结构改变，且淋洗废液可能造成地下水污染等问题，在实际中没有广泛应用于农用地土壤。化学钝化技术把重金属固化在表层土壤，由于环境的不稳定性，钝化的重金属有可能释放出来，再次被植物吸收。采用表层淋洗 + 深层固定组合修复技术，将表层土壤重金属淋洗后，经过深层土壤中的固化剂固化，同时实现耕层正常生产活动和深层土壤重金属修复，从而降低因为修复土壤重金属而造成的经济损失。例如，将混合洗脱剂（MC）应用于重金属污染土壤，并在土壤中添加 CaO、$FeCl_3$、CaO+$FeCl_3$ 三种稳定剂。通过对浸出液中重金属含量的测定，发现固定剂对土壤中重金属有固定作用，重金属形态稳定，不易被自然降雨淋滤从而较好地解决了化学浸出造成二次污染的问题。因此，将化学技术与深层固定技术相结合，很好地避免了现场地下水污染的风险。研究证明，莴笋茎叶在酒石酸淋洗—羟基磷灰石固化下，Cd 含量显著降低 22.89 %、莴笋产量显著提高，除此之外，莴笋的品质与对照组相比大大提高。同时，0~20cm 表层土壤也在酒石酸淋洗—羟基磷灰石固化处理下，Cd 含量降低 30.71 %，40~60cm 深层土壤在酒石酸淋洗—羟基磷灰石固化处理下，Cd 含量增加 51.57 %，在两种表层淋洗—深层固化处理下，土壤中有效 Cd 含量均减少，从而可以明确表层淋洗—深层固化联合修复能够在进行土壤 Cd 污染修复的同时实现蔬菜的安全生产，适宜向轻度污染的蔬菜基地推广使用。

二、电动修复 + 植物修复技术

植物修复，就是在电场的启动当中，利用电流在修复区域土地的活动，提高土壤可溶性重金属含量，因为有电流的作用，那些重金属的离子会被驱动，被驱动的离子被植物的根吸收且对植物的生长不会造成伤害，有时还会促进植物的生长，从而提高植物修复效率。例如，在周期性改变电场方向的实验条件之下，黑麦草生长和对 Cu 的吸收均发生改变，但是都是促进的方向。与单向直流电场相比，交流电场能有效地控制土壤 pH 的变化，有利于土壤中重金属的富集，从而促进植物的吸收。然而，与单向直流电场相比，交流电场的电流没有那么强烈，对于植物根须吸收重金属离子的促进作用也就没有那么明显。

这种方式增加土壤重金属生物有效性、强化植物生长代谢和影响土壤微生物的生命活动，有以下几个原因。首先，在电场中水解产生 H^+，促进重金属在土壤中的溶解，可显著提高地下流体中溶解重金属的含量。此外，在电渗析、电迁移和电泳的影响下，重金属能有效迁移到根系，有利于根系吸收重金属。其次，植物细胞膜的通透性、植物酶的活性和细胞内水分子的状态，都可以通过电场改变。这样的操作可以促进植物光合作用，增加植物对逆境的抵抗力，进而增加植物生物量及重金属的吸收和运输。再次，相应的电场强度可以丰富根际微生物多样性，促进微生物代谢，间接提高修复的效率。

目前，涉及的超积累植物的研究并不多，在电场对植物富集重金属作用的研究中，这方法的研究更少。实验的试材主要为印度芥菜、黑麦草、烟草、油菜、草地早熟禾、向日葵、东南景天等植物。电场类型（直流电场或交流电场）、电极配置（水平电场或垂直电场）、电场强度、通电时间、电场运用方式（单向电场或交换电场）、添加剂的使用等，这些都是实验的重要因素。结果发现，使用交流和直流电场，可以促进拟合，但直流电场会导致土壤酸化。植物修复效率要靠重金属在土壤表层深度的迁移来提高，而这个可以通过垂直和二维电场来促进，同时，也可以有效控制淋溶风险。选择合适的电场强度和激活时间，对提高冲击能量损失具有决定性作用。添加剂的联合使用可以激活土壤中的重金属，但可能增加重金属的淋溶风险。

三、植物—微生物联合修复技术

通过直接和间接这两个方面，土壤细菌可通过多种途径强化植物修复重金属污染土壤的效果。微生物对土壤重金属的直接影响通常是积极的和固定的，直接作用体现为活化、吸附、固口等，而间接影响通常通过非直接因素影响植物的生长，从而增强植物修复效果。

　　土壤中真菌菌丝与植物根系形成的一种互利共生的联合体，我们称它为菌根。要促进植物对土壤中矿质元素的吸收，从而使植物的生长更加苗壮，可以在修复植物根际接种菌根真菌，使其与植物根系形成共生体，可以促进植物的生长，增加植物对重金属的吸收、转运、富集和抗性，进而提高光解的效率。

　　目前，对植物与微生物联合处理的研究主要集中在小规模的实验室试验上，而对农业微生物的室外大规模种植园地来说，其与实验室相比，室外环境有许多不可控制的因素，如光照、大气环境、人为干扰等。因此，如何将根瘤菌/菌根真菌组合修复技术广泛应用于重金属污染土壤的修复，以及根际土壤修复技术的应用前景还需进行研究。接种菌株与当地根际微生物群落的共生互利关系，是否能够运用到重金属污染土壤修复的实践中，还需要继续的研究。

参考文献

[1] 姜玉玲，阮心玲，马建华.新乡市某电池厂附近污灌农田重金属污染特征与分类管理 [J].环境科学学报，2020，40（2）：645-654.

[2] 李晓宇.杨树修复土壤重金属污染研究进展 [J].辽宁林业科技，2021（4）：59-61.

[3] 董海洁.土壤重金属检测技术与生态修复技术研究进展 [J].环境科学与管理，2021，46（7）：110-112；177.

[4] 孔丝纺，吕笑笑，彭丹，等.重金属污染土壤修复技术研究进展 [J].广东化工，2021，48（13）：148；159.

[5] 郭嘉航，贾昱靖，杨云，等.花生秸秆回收对土壤重金属 Cd、Pb、Cr 污染的修复效果 [J].云南师范大学学报（自然科学版），2021，41（4）：67-73.

[6] 卢滨，刘兆峰.关于植物修复技术在土壤重金属污染中应用的研究进展 [J].皮革制作与环保科技，2021，2（13）：103-104.

[7] 王鹤亭.土壤重金属污染现状与修复技术应用 [J].南方农机，2021，52（13）：64-66.

[8] 柳赛花，陈豪宇，纪雄辉，等.高镉累积水稻对镉污染农田的修复潜力 [J].农业工程学报，2021，37（10）：175-181.

[9] 姜娜，杨京民，Gahonzire Bonheur 等.牧草在重金属污染土壤治理中的修复和综合利用潜力 [J].生态与农村环境学报，2021，37（5）：545-554.

[10] 张晓光.我国当前污染水体修复方法研究 [J].山西农经，2020（04）：93+95.

[11] 运亚飞，张彩香，廖小平，等.张家口宣化区土壤和粉尘中重金属分布、来源解析与污染评价 [J].安全与环境工程，2020，27（1）：88-95；117.

[12] 黄安林，傅国华，秦松，等.黔西南三叠统渗育型水稻土重金属污染特征及生态风险评价 [J].生态与农村环境学报，2020，36（2）：193-201.

[13] 任晓斌，卫燕红，杨官娥，等.光合细菌对铬污染土壤中小白菜生长和

铬积累的影响 [J]. 中北大学学报（自然科学版），2021，42（3）：252-258；274.

[14] 张锦路，吴春发，张宇，等 . 酸雨对含磷物质钝化修复的农田土壤磷流失的影响 [J]. 农业环境科学学报，2021，40（9）：1897-1903.

[15] 赵泽宇 . 浅谈陕西省农田重金属污染修复——以化学淋洗技术为例 [J]. 广东蚕业，2021，55（5）：107-108.

[16] 罗汇东 . 土壤重金属污染危害分析及修复方法探讨 [J]. 农家参谋，2021（9）：195-196.

[17] 郭辉 . 土壤重金属污染监测及治理对策的研究 [J]. 皮革制作与环保科技，2021，2（9）：67-68.

[18] 管天成 . 污泥—坡缕石共热解生物炭对土壤重金属污染的修复效果研究 [D]. 兰州：兰州交通大学，2021.

[19] 乔瑞娟，袁朕辉，阮海英，等 . 重金属污染土壤环境影响评价及修复对策的研究 [J]. 皮革制作与环保科技，2021，2（6）：69-70.

[20] 史广宇，余志强，施维林 . 植物修复土壤重金属污染中外源物质的影响机制和应用研究进展 [J]. 生态环境学报，2021，30（3）：655-666.

[21] 林璟瑶 . 重金属污染土壤稳定化修复效果评估方法分析 [J]. 环境与发展，2020，32（2）：56-57.

[22] 张富贵，彭敏，王惠艳，等 . 基于乡镇尺度的西南重金属高背景区土壤重金属生态风险评价 [J]. 环境科学，2020，41（9）：4197-4209.

[23] 曹春，张松，张鹏，等 . 大宝山污灌区土壤—蔬菜系统重金属污染现状及其风险评价 [J]. 农业环境科学学报，2020，39（7）：1521-1531.

[24] 董灿，李博，王维 . 冯家山水库周边土壤重金属污染现状分析与评价 [J]. 科技风，2020（9）：142.

[25] 胡婷，王利伟，卢妍楹 . 环境地球化学调查方法在农用地土壤污染环境评价中的应用 [J]. 绿色环保建材，2020（3）：18；20.

[26] 文典，江棋，李蕾，等 . 重金属污染高风险农用地水稻安全种植技术研究 [J]. 生态环境学报，2020，29（3）：624-628.

[27] 夏传波，郑建业，成学海，等 . 农用地土壤中 7 种重金属可提取态的测定 [J]. 山东国土资源，2020，36（3）：59-65.

[28] 袁宏，赵利，薛勇 . 基于最适空间插值的崇州市典型农田土壤重金属污染特征分析与评价 [J]. 土壤与作物，2020，9（1）：94-101.

[29] 严和盛 . 福清市龙田镇某村某垦区农用地土壤调查检测结果分析 [J]. 海

峡科学，2020（3）：47-50.

[30] 李传哲，杨苏，姚文静，等．有机物料输入对土壤及玉米籽粒重金属来源解析及风险评估 [J]．农业环境科学学报，2020，39（6）：1230-1239.